污染场地修复案例

意大利工业行业环境整治实践

周友亚 李发生 余立风 丁 琼 主编

ITALIAN PRACTICE ON CONTAMINATED SITES

PRACTICAL CASES FROM SELECTED INDUSTRIAL SECTORS

中国环境出版社 · 北京

图书在版编目（CIP）数据

污染场地修复案例：意大利工业行业环境整治实践 / 周友亚等主编．—北京：中国环境出版社，2015.10
ISBN 978-7-5111-2550-7

Ⅰ．①污…Ⅱ．①周… Ⅲ．①工业污染防治－研究－意大利 Ⅳ．① X321.546

中国版本图书馆 CIP 数据核字（2015）第 221606 号

英文书稿编辑：Marco G. Cremonini，Eugenio Napoli
英文文本编辑：Barbara Grosso, Belloro
图形设计：Iris Masini

出 版 人 王新程
责任编辑 连 斌
责任校对 尹 芳
装帧设计 金 喆

出版发行 中国环境出版社
（100062 北京市东城区广渠门内大街 16 号）
网 址：http://www.cesp.com.cn
电子邮箱：bjgl@cesp.com.cn
联系电话：010-67112765（编辑管理部）
010-67110763 生态（水利水电）图书中心
发行热线：010-67125803，010-67113405（传真）
印 刷 北京中科印刷有限公司
经 销 各地新华书店
版 次 2016 年 1 月第 1 版
印 次 2016 年 1 月第 1 次印刷
开 本 880×1230 1/32
印 张 6.375
字 数 200 千字
定 价 50.00 元

编译委员会

主　编　周友亚　李发生　余立风　丁　琼

编　委　颜增光　吴广龙　张超艳　白利平
唐艳冬　魏　丽　苏学飞　黄金贵
周尊国　姜　晨　田亚静

序

污染场地是一个世界性的环境问题。

长期以来，由于工业生产、交通建设、服务设施运营、矿产资源开发、废弃物处理处置及垃圾填埋等活动，造成了土地（包括地下水）成片、成块大面积污染，形成了严峻的污染场地问题。污染场地不仅对人体健康和生态环境构成威胁，也影响到土地资源开发、城镇建设规划、房地产交易、城市环境治理等方方面面，是世界各国共同关注的重大环境问题。

美国自20世纪70年代末至80年代初相继发生“纽约州拉弗运河（Love Canal）事件”（1978）、“肯塔基州废桶谷（Valley of the Drums）事件”（1979）、“密苏里州时代河滩（Times Beach）事件”（1982）后，率先发起了针对污染场地的立法管理，颁布了《环境响应、赔偿与责任综合法》（即《超级基金法》）。与此同时，许多工业发达国家也因污染场地（土地）问题颁布了相关的法律法规。发达国家针对污染场地（土地）的立法管理推动了场地调查、评估和修复技术的快速发展，促进污染场地环境管理不断走向规范化、系统化和标准化，形成了当前国际上相对比较完善的污染场地法规、政策、技术和标准体系，这在客观上也为后发展国家开展污染场地环境管理与治理提供了很好的经验借鉴和技术参考。

我国是一个工农业快速发展的国家。长期以来，伴随着大规模的工业化、城市化和农业集约化发展，环境污染问题日趋突出，已成为制约我国经济和社会发展的“瓶颈”。在我国，造成场地污染的主要工业活动及行业类型包括采矿业（煤炭、石油、金属）、化

工制造业、金属制造业、石油加工业、炼焦业、造纸业、电子设备加工制造业、能源与电力供应业、废弃资源处置和回收业等。我国污染场地类型多、面积大、范围广、程度重，是城市发展、城镇环境治理和土地安全开发与利用过程中亟待解决的重大环境问题。

近年来，国家和政府对污染场地问题高度重视，先后发布了一系列关于加强污染场地环境管理和治理的通知要求与指导意见。同时，环境保护部也于 2014 年 2 月制订颁布了《污染场地术语》（HJ 682—2014）、《场地环境调查技术导则》（HJ 25.1—2014）、《场地环境监测技术导则》（HJ 25.2—2014）、《污染场地风险评估技术导则》（HJ 25.3—2014）和《污染场地土壤修复技术导则》（HJ 25.4—2014）等技术标准，有力地支撑了我国场地调查、监测、评估和修复工作的开展。然而，我国在污染场地环境风险管理和治理方面的基础相对还比较薄弱，至今只完成了少量污染场地的调查评估和修复治理，社会对场地风险管控的对策、技术、方法、标准和措施还有很大的诉求，亟待加强自主创新和对先进技术的引进、消化、吸收和再利用。“他山之石，可以攻玉”，发达国家在污染场地调查、评估、修复和管理方面的先进技术、实用方法和实践经验，可以为我国污染场地的环境管理与治理提供有益的参考。

意大利是一个工业高度发达的国家。自 1989 年 5 月起，意大利便开始对污染土地进行立法管理（环境部 185 号令，D.M. 185/89）。经过近 30 多年的实践与发展，意大利在污染场地法律法规建设、制度与管理体系建设、标准与技术体系建设、国家档案

建设等方面取得了卓越的成就，在危险废物污染场地修复、油田和废弃矿山恢复、遗留遗弃工业污染场地治理与修复、溢油或事故场地应急处理与治理、垃圾填埋场治理与修复等方面积累了大量的先进技术和管理经验，值得中国借鉴。

由中国环境科学研究院组织编译的《污染场地修复案例——意大利工业行业环境整治实践》一书，总结了28个典型工业行业污染场地调查、评估和修复案例，比较系统、全面地介绍了意大利在污染场地环境管理和治理方面取得的重要成果、先进技术和管理实践经验，对我国从事污染场地环境修复、环境工程实践、环境风险管理和技术咨询服务工作的人员有很好的参考和借鉴意义，对从事环境污染治理技术研发和环境科学基础与应用研究的科学家及技术人员也有重要的参考价值。

中国工程院院士

中国环境科学研究院院长

2014年10月20日

前言

《污染场地修复案例——意大利工业行业环境整治实践》是D'Appolonia公司联合ISAF公司与中国环境科学研究院（CRAES）共同承担的“污染场地与土壤修复管理技术支持Ⅱ期”项目的主要成果，该项目是中国—意大利环境保护合作项目（SICP）框架的一部分，由意大利环境、领土与海洋部（IMELS）和中国环境保护部对外合作中心（FECO-MEP）资助。项目旨在就国际上污染场地管理方面的技术和法律法规进行沟通与交流，尤其关注适用于不同行业类型的污染场地管理最佳方法和技术。

编写本书的目的在于，在参考和借鉴意大利污染场地管理实践和经验的同时，也可从相关场地调查和修复项目中汲取经验和教训。本书选择了一批意大利的场地实践案例进行详细介绍，场地种类涵盖了目前中国比较关注的重要行业类型，包括石油（炼油厂和储油站）、焦化、钢铁和金属处理（铣削、镀膜）、铝厂和有机化工厂（塑料生产、化肥和农药厂）等。同时，涉及部分无节制排放污染物的前垃圾填埋场和掩埋储存区的修复案例，也有个别关于工厂拆迁的案例。

针对每个案例，书中介绍了场地污染特征、概念模型和通过特定场地风险评估确立的修复目标值，以及所采用的修复方法和技术，探讨了选择修复技术的标准，并对不同技术在土壤和地下水修复活动中的应用进行了描述，总结了实施场地修复活动所需的费用，并简要介绍了参与场地修复过程的主要利益相关方（如行政部门、私营企业、咨询服务人员等）。

本书由周友亚研究员主持编译，其他参加编译的人员及分工如下。引言：周友亚、颜增光；案例1～5：周友亚、魏丽；案例6～10：颜增光、苏学飞；案例11～15：白利平、唐艳冬；案例16～20：张超艳、黄金贵、周尊国；案例21～22：李发生、张超艳；案例23～24：佘立风、吴广龙；案例25～26：丁琼、姜晨；案例27～28：吴广龙、田亚静。全书由周友亚研究员统稿、定稿。本书在出版过程中得到了孟伟院士的悉心指导与帮助，在此表示诚挚的谢意！

由于作者水平有限，书中难免存在疏漏之处，敬请各位同仁批评指正。

周友亚

2014年10月于北京

致谢

经过中意双方科学家及参与项目规划、协调和运行管理的行政部门的共同努力，终于完成了案例书稿的编著、编译以及中意合作“污染场地与土壤修复管理技术支持”项目的结题。首先，我们要感谢中国环境保护部环境保护对外合作中心主任陈亮先生和意大利环境、领土与海洋部（IMELS）部长 Corrado Clini 先生为本书的出版所给予的支持与鼓励。

在项目的协调工作中，中国环境保护部环境保护对外合作中心李培副主任及意大利环境、领土与海洋部的 Massimo Martinelli 先生提供了诸多有关国际合作方面的经验指导、帮助与支持。还要特别感谢丁琼女士、唐艳冬女士、孙阳昭先生、吴广龙先生、贺信女士、丁杨阳女士和石琳女士，他们出色的管理工作保证了项目的顺利进行，并促进了合作团队的建立。

作者在此也想对环境保护部生态司土壤处处长张山岭先生表示由衷的谢意，感谢他为项目工作内容的设计提供了指导和帮助。

本书由 D'Appolonia 和 I.S.A.F 公司的项目团队及中国环境科学研究院（CRAES）的项目组成员共同编制完成 。中国环境科学研究院李发生总工对项目给予了指导，周友亚博士担任项目负责人，颜增光博士担任技术专家，张超艳女士负责中意双方的沟通与协调。Luigi Torriano 先生担任项目主管，Marco Cremonini 先生和 Giovanni Ferro 先生担任协调官员；Eugenio Napoli 先生、Barbara Grosso 女士、Chiara Giacchino 女士和 Federica Belloro 女士负责整个项目的实施与运行；段锴先生、孔东东女士和李子昂先生负责中意双方的沟通与协调，并在项目运行及中国境内的各种会议、活动中提供重要的技术支持。

项目团队在实践案例结果的汇总阶段还得到了 Iris Masini 女士和 Michela Sacco 女士的帮助，她们负责所有图形和文本资料的整理与制作。

ITALIAN PRACTICE ON
CONTAMINATED SITES
PRACTICAL CASES FROM SELECTED
INDUSTRIAL SECTORS

目录

缩略词

BGL 地面以下
BTEX 苯系物
CHC 氯代烃类化合物
COCs 关注污染物
DNAPL 重质自由相物质
FECO 对外合作中心
GW 地下水
HC 碳氢化合物
HCH 六氯环己烷
HDPE 高密度聚乙烯
IMELS 意大利环境、领土与海洋部
ISTD 原位热脱附
LDPE 低密度聚乙烯
LNAPL 轻质自由相物质
MCD 机械化学脱卤
MEP 环境保护部
NAPL 自由相物质
ORC® 释氧化合物
PAHs 多环芳烃
PCBs 多氯联苯
PCE 四氯乙烯
POPs 持久性有机污染物
PSH 相分离烃
PVC 聚氯乙烯
RA 风险分析
RBACs 基于风险的允许浓度
SSTLs 场地特定目标值
TCE 三氯乙烯
TD 热脱附
TLC 阈值浓度
TPH 总石油烃
VOCs 挥发性有机化合物

引言

早期污染场地修复往往要求最大限度地去除土壤污染物，以降低土壤污染带来的风险。然而，随着对污染场地认识的提高和管理经验的积累，以及政策导向、经济条件要求和技术进步等的发展，人们逐渐发现这种僵化和激进的要求在技术和经济上都是很难实现的，于是对单一清洁标准提出了质疑，即“多清洁才算清洁？”（How clean is clean），同时也遇到了大量污染场地涌现所带来的经费上的严峻挑战。欧美等国在多年的修复实践中逐渐认识到场地修复需结合考虑城市规划、环境安全、经济效益等因素，其修复要求不再以降低土壤污染物浓度为唯一目标。本书通过对意大利 28 个案例场地进行梳理与总结，既介绍了意大利在土壤环境保护与污染控制方面的先进方法和技术，也指出了场地管理过程中的经验与教训，在推动我国土壤环境监管与修复工作方面给人诸多启示。

一、通过优化和调整城市建设项目规划，使修复需求最小化

早期欧美通常采用最严格的环境治理标准，能一劳永逸地确保修复后的土地满足任何类型的土地使用要求。然而高额的修复成本和较长的修复过程很难被修复责任方和政府所承受。因此，欧美相关组织尝试在污染地块修复治理过程中引入与未来土地利用规划相协调的机制，尽量使修复与土地的再开发利用相结合，通过调整土地利用规划，并结合部分挖掘并处理浅层及污染较重土壤的修复方式，在充分保障人体健康的基础上使修复需求最小化。

二、采取安全措施阻断污染扩散和/或暴露途径，减少修复量

污染场地风险管理框架强调源—暴露途径—受体链，关注修复技术的选择及环境效益。基于风险管理理念，采取安全措施阻断污染扩散和/或暴露途径是国外目前常用且经济有效的手段。当污染暴露途径以室内蒸气吸入为主时，可以考虑在污染区域建筑物底部混凝土下方铺设蒸气密封土工膜，以阻断蒸气吸入暴露途径；当以接触表层污染土壤为主要暴露途径时，可以考虑在污染土层上方浇注水泥地面或铺设一定厚度的干净土壤来阻隔土壤直接接触途径。当然由于采取了阻隔措施，对建筑物的构建也会提出相应限制和要求。相信未来在我国风险管控措施会在场地修复管理中占越来越大的比重。

三、合理确定修复目标和理解修复需求，避免场地过度修复

使用过于保守的修复目标值将导致过度圈定待修复地块，浪费大量财力、人力和物力。由于对风险评估基本过程和概念的不理解，甚至常常把国家或地区筛选值直接当作修复目标值，导致场地过度修复的现象在我国普遍存在。基于对污染物基本特性及对污染场地水文地质等特点的充分了解，针对特定污染场地确定特定修复目标值，选择并制定对特定污染场地切实有效且经济可行的修复策略是有效降低人体健康风险并避免过度修复的有效办法。

四、加强移除及处理后土壤的管理和再利用，最大节约成本

目前污染土壤修复后主要用于填埋，但由于填埋场所有限，填埋费用也偏高，所以在欧洲通常会采取各种回收利用技术将土壤尽可能最大限度地回收利用，以减少填埋体积。通过案例学习，参考并吸取国外污染土壤再利用和管理的经验，有助于研究适合我国国情的污染土壤再利用和管理模式。

总之，根据场地污染特征，结合城市土地利用规划，以资源可持续利用为出发点，综合考虑社会效益、经济效益、生态和环境效益，开展污染场地土壤和地下水的绿色、可持续修复，维护土地可持续利用将是场地修复和管理未来发展方向。

有机化工厂

农药生产

氯乙烯生产废物堆放区

制革厂

化学废弃物填埋场

化肥生产

1 农药生产

引言

案例介绍了东欧一个废弃有机化工厂的修复情况。该厂建于 1964 年，1977 年之前一直生产洗涤剂和农药，之后为适应市场和改善环境，停止生产农药林丹（lindane）。但由于化工生产历史悠久已对周边环境造成了影响，开展场地调查时部分场地设施已经被拆除。

工厂总面积约为 90 万 m^2，待处理场地面积约 10 万 m^2，包括 HCH 废置区和主要生产单元。

2004 年 3 月《斯德哥尔摩公约》（Stockholm Convention）获得批准后，启动了旨在减少和消除持久性有机污染物（POPs）的国家计划框架，该项目即在该框架任务内。

项目目的是对林丹和其他 POPs 污染进行详细的修复可行性研究，并对适用于清理受污染土壤的修复技术进行方案设计，以便筹措项目资金。

场地特征

区域地质结构受厂区北部一条河流主干影响，干流距离厂区 2 km。厂区东面约 1.6 km 处有另一条河流经过，厂区东南方向约 5 km 处有一居民区，常住人口约 50 000 人。

厂区地面以下 10 ～ 12 m 深度范围内有一个相对不透水层，初步认定为浅层含水层的底板。地下水自西南向东北流向干流。

企业运营期间，采用苯的光氯化反应技术制备六氯环己烷（HCH），但产物中也含有其他 HCH 异构体，这些异构体按废物处理，大约有 3 万 t 含 HCH 异构体废物临时存放在堆场中。20 世纪 80 年代，场地关闭后，林丹车间设备被拆除，留下两座空的建筑物。研究区域位于工厂房西北部（大约 10 万 m^2），具体分区：

- A 区：原林丹生产和存储区域；
- B 区：两个 HCH 废物堆；
- C 区：原氯乙酸生产和存储区域；
- D 区：原电解车间；
- E 区：燃料 / 可燃物和化学品室外储存区。

具体而言，HCH 废置区（B 区）可分为两部分。较大的废物堆场面积约为 5 000 m^2（100 m×50 m），而较小的废物堆场面积约为 1 225 m^2（35 m×35 m）。

α 和 β-HCH 废物最开始是直接堆放于土壤表面的，没有使用底衬。δ-HCH 废物则堆放于 5 个铺设有混凝土防护层的坑洞中，顶部覆盖干净土壤。

污染特征

场地调查结果表明，土壤中主要关注污染物为：

• HCH 异构体：表层土壤中（至地面以下 1 m 深度）浓度为 3.84×10^5 mg/kg，有些地方超出了荷兰干预值（DIV）浓度限值 100 多

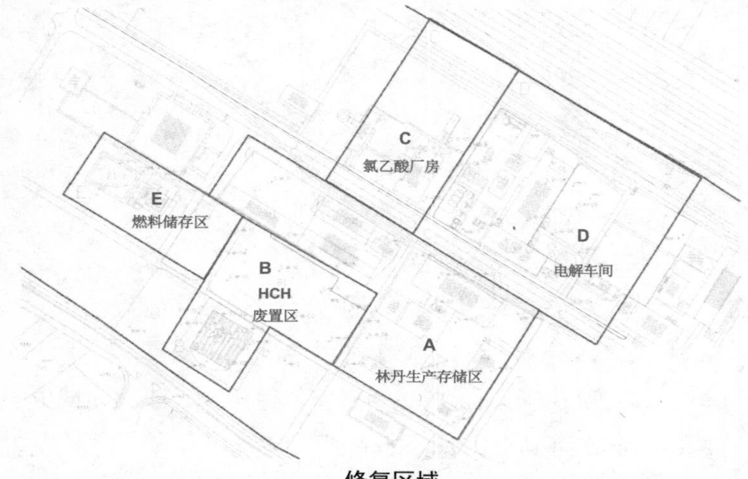

修复区域

倍（DIV：2mg/kg）；

• 汞：污染仅限于原电解车间，电解车间下方土壤中汞最大浓度为 3 360 mg/kg，超出了 DIV 19%（DIV：10 mg/kg）；

• 氯代烃（CHC）：土壤样品中只部分检出微量 TCE 和 PCE，大部分样品中 CHC 浓度低于方法检测限（MDL），但在地面以下大约 2 m 深的土壤气体中发现有较高浓度的 TCE 和 PCE（高达 2 940 mg/m^3）。

浅层地下水中主要关注污染物为 HCH 和 CHC，HCH 最大检出浓度 49.2μg/L（DIV1μg/L）；CHC 主要为 TCE 和 PCE，最大浓度分别为 8 150 和 792 μg/L（而 DIV 限值为 500 和 40 μg/L）。

概念模型

根据场地特性参数、评估数据的统计结果、岩性特征和污染物迁移路径等资料确定了土壤和地下水的污染源。

采用简化的多层 / 多源模型对 HCH 污染土壤和地下水进行风险分析：

- 第 1 层从地面至地面以下 2 m，几乎涉及整个场地，该层被进一步划分为 0 ～ 1 m 地表层和 1 ～ 2 m 亚表层。
- 第 2 层从地面以下 2 ～ 8 m（浅层含水层顶部），位于 HCH 废置区下方，延伸至西北方向的 A 区和 C 区。

由于前期调查（达到地面以下 5 ～ 6 m）没有达到污染底部，所以为保守起见，设定第 2 层污染土壤至浅层含水层顶部。

在原电解车间（D 区）下方发现了大面积的汞污染，高浓度污染区域集中在电解车间的东部。钻孔（地面以下 5 ～ 6 m）深度未能达到受污染区域底部，因此在进行风险分析时假定污染土层深至含水层顶部。

地下水中的主要关注污染物为氯代烃（尤其是 TCE 和 PCE）和 HCH。这些化合物主要存在于林丹生产存储区及 HCH 废置区的浅层地下水中。

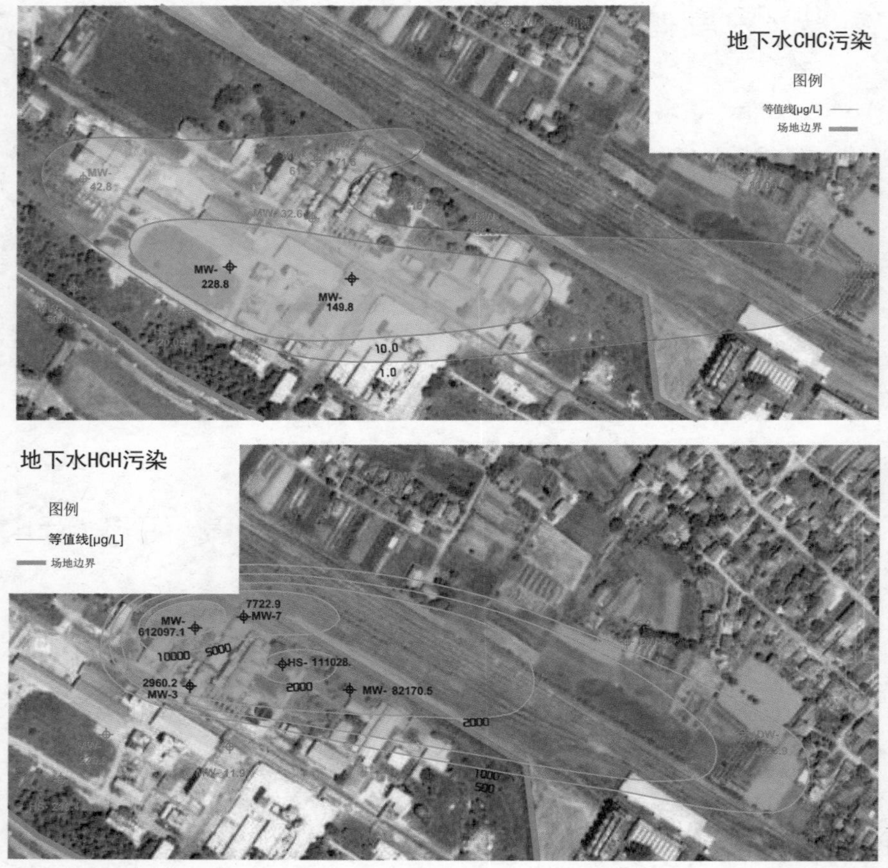

基于当前场地用途，并结合场地未来用地类型（商业/工业或住宅目的）来确定敏感受体：

• 现场工人：在场地内开展修复活动（室外/室内作业）的建筑工人；

• 场内受体（商业和居住）：可能因直接接触受污染土壤或吸入室内、室外受污染空气而受到影响；

• 场外受体（仅限住宅用地）：可能因土壤中污染物淋溶至地下水、地下水迁移或摄入污染地下水而受到影响；

• 场外受体（住宅及商业用地）：可能因吸入室内和室外受污染空气而受到影响。

采用保守方法进行风险分析时，以位于场地沿地下水流动方向下游的第一个住宅小区作为地下水摄入的潜在受体。

修复目标

基于风险分析方法，确定了场地亚表层土和地下水的修复目标。

土壤和地下水关注污染物的场地特定修复目标值（SSTL）汇总于下表：

土壤关注污染物	SSTL/（mg/kg）			SSTL/（mg/kg）		
	场内商业			场内住宅		
	0～1 m	1～2 m	2～8 m	0～1 m	1～2 m	2～8 m
α-HCH	0.39	20.93	60.86	0.001	9.55	9.88
β-HCH	1.33	>33.8	>33.8	0.002	>33.8	>33.8
δ-HCH	0.9	558.74	>992.5	0.016	118.39	127.44
γ-HCH	1.91	>284.8	>284.8	0.002	>284.8	>284.8
Hg	5.18			1.5		

注：SSTL= 场地特定的目标水平，“>”指高于计算的土壤饱和常量。

地下水关注污染物	SSTL（地下水摄入）/（μg/L）	地下水关注污染物	SSTL（地下水摄入）/（μg/L）
α-HCH	0.1	TCE	29.2
β-HCH	0.178	PCA	1.6
δ-HCH	0.178	DCE	20
γ-HCH	0.246	PCE	6.2
Hg	38		

选定和采用的修复策略和活动

针对场地关注污染物，初步筛选了适用于场地的修复技术，制定了一份修复技术备选清单，用于进一步开展成本估算和方案设计。备选修复技术包括：

• 铣削 / 机械化学脱卤（MCD）；

• 热脱附（TD）；

垃圾堆场图

• 焚烧；

• 移动式热脱附设备；

• 原位热脱附（ISTD）。

根据随后几个月的详细市场调查（考虑到场地比较偏远且该地区无设备供应商），确定原位热脱附（ISTD）或原地异位 TD 联用 MCD 技术为最经济可行的技术，同时选择焚烧作为备用修复技术。

采用抽出处理结合水力屏障传统处理技术修复场地地下水污染。该系统采用活性炭进行 CHC 和 HCH 的现场处理（配合使用传统的物理—化学预处理）。采用除杂预处理（即沉淀、带有反洗或絮凝 / 沉淀系统的砂过滤器）去除悬浮固体，根据需要在活性炭处理工艺前加设生物反应处理单元。

完成场地修复的操作步骤如下：

• 移除主要污染源（HCH 堆存和上面覆盖的土壤）进行现场 / 场外处理；

• 建筑物拆除以及现场处理危险物质；

• 移除几乎整个场地的表层土壤（1 m 深度），修复土壤以达到住宅或商业用地污染物限值标准；

• 挖掘并现场（热脱附）或原位处理深层土壤，使其达到住宅或商业情景修复目标值（SSTL）；

• 安装一个水力屏障，抽出（P&T 系统）受 CHC 和 HCH 污染地下水，并采用生物处理或活性炭过滤技术进行现场处理（根据需要，配合使用传统的物理—化学预处理）。

需要强调的是，土壤修复工作尤其是 0 ～ 1 m 的表层土的修复工作是重中之重。而地下水修复工作只针对削减有机污染物（HCH 和 CHC）开展，如以下的图表所示。

同时，还按商业和住宅两种用地情景分别估算了需要处理的土壤面积和土方量。

商业情景修复策略		
阶段	污染介质	估计面积 / 体积
1	HCH 废物堆（仅废弃物）	6 380 m^2/15 620 m^3
	上覆土壤	6 380 m^2/7 210 m^3
2	工业建筑结构	16 043 m^3
3	地表土壤 （0 ～ 1 m）	1 241 m^2/1 241 m^3
4	地下土壤（1 ～ 2 m）	HCH 7 250 m^2/7 250 m^3 Hg 9 903 m^2/9 903 m^3
	地下土壤（2 ～ 8 m）	HCH 7 250 m^2/43 502 m^3 Hg 9 903 m^2/59 418 m^3
5	地下水	—

住宅情景修复策略		
阶段	污染介质	估计面积 / 体积
1	HCH 废物堆（仅废弃物）	6 380 m^2/15 620 m^3
	上覆土壤	6 380 m^2/7 210 m^3
2	工业建筑结构	16 043 m^3
3	地表土壤 （0 ～ 1 m）	HCH 43 051 m^2/43 051 m^3 Hg 13 403 m^2/13 403 m^3
4	地下土壤（1 ～ 8 m）	HCH 9 670 m^2/67 696 m^3 Hg 13 403 m^2/93 822 m^3
5	地下水	—

采用所选定的技术将土壤全部修复至原定的目标水平。根据场地的两种未来用途（商业和住宅），进行了费用和修复土方量的估算，包含中试费用。

费用估算及相应设计方案提交当地项目融资环境部门。

费用估算	
HCH 废弃物现场 MCD+TD + 地下水抽出处理	4 585 万欧元
HCH 废弃物场外焚烧 + 地下水抽出处理	5 275 万欧元

弃置的仓库

北侧建筑和氯代烃储罐

管理过程

整个管理过程涉及以下利益相关方：

• 当地环境与领土部门，在国际合作框架内与其他部门共同资助了该项目，以促进环境与经济可持续发展。项目旨在制订一个适合用于启动修复工程国际招标或从参与实施 POPs 项目的公共部门获得资金的设计方案；

• 运营工厂的公司，在项目实施中提供了技术协助，同时也是该项目的最终受益者；

• 项目的其他出资人，包括意大利环境部和 GEF（全球环境基金），在融资过程中捐赠了款项，并担任了当地环境部门的合作伙伴。

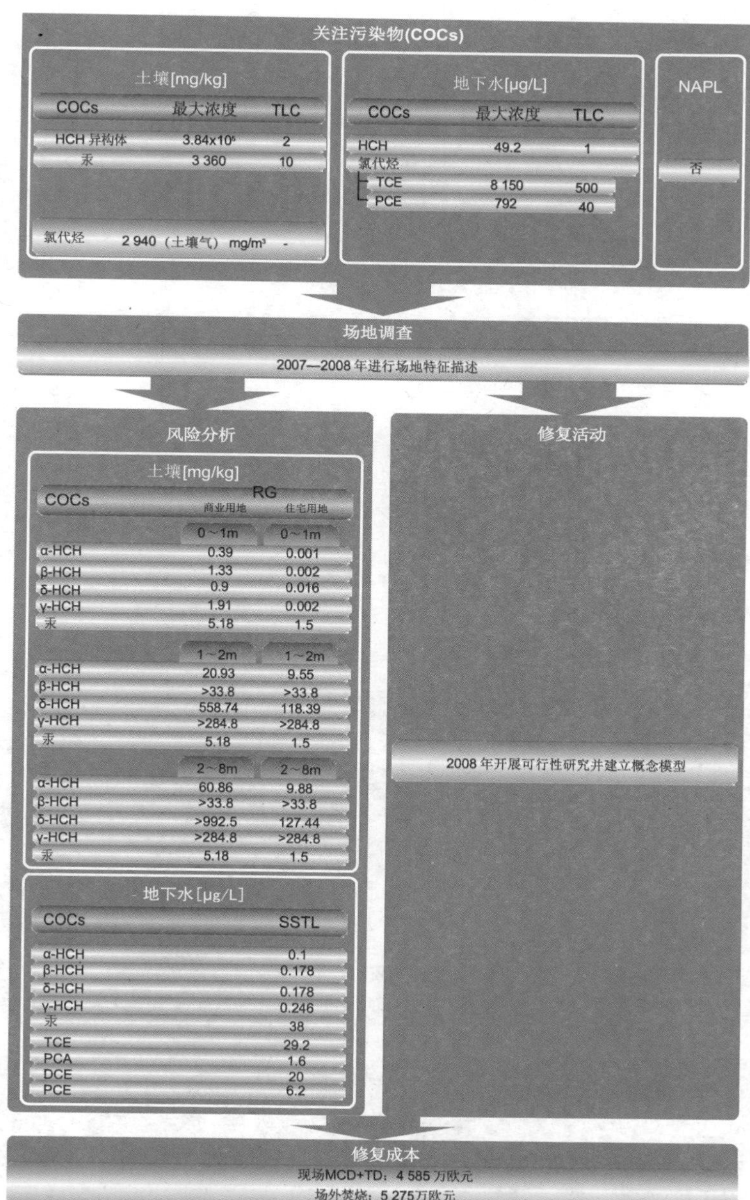

关注污染物(COCs)
土壤[mg/kg]
COCs 最大浓度 TLC
HCH 异构体 3.84×10^5 2
汞 3 360 10
氯代烃 2 940（土壤气）mg/m³ -
地下水[μg/L]
COCs 最大浓度 TLC
HCH 49.2 1
氯代烃
TCE 8 150 500
PCE 792 40
NAPL
否
场地调查
2007—2008 年进行场地特征描述
风险分析
土壤[mg/kg]
COCs RG 商业用地 住宅用地
0～1m 0～1m
α-HCH 0.39 0.001
β-HCH 1.33 0.002
δ-HCH 0.9 0.016
γ-HCH 1.91 0.002
汞 5.18 1.5
1～2m 1～2m
α-HCH 20.93 9.55
β-HCH >33.8 >33.8
δ-HCH 558.74 118.39
γ-HCH >284.8 >284.8
汞 5.18 1.5
2～8m 2～8m
α-HCH 60.86 9.88
β-HCH >33.8 >33.8
δ-HCH >992.5 127.44
γ-HCH >284.8 >284.8
汞 5.18 1.5
地下水[μg/L]
COCs SSTL
α-HCH 0.1
β-HCH 0.178
δ-HCH 0.178
γ-HCH 0.246
汞 38
TCE 29.2
PCA 1.6
DCE 20
PCE 6.2
修复活动
2008 年开展可行性研究并建立概念模型
修复成本
现场MCD+TD：4 585 万欧元
场外焚烧：5 275万欧元

修复过程流程图

2 氯乙烯生产废物堆放区

引言

案例介绍了意大利东南部一个工业园区内某石油化工公司的两个垃圾填埋场（填埋过程中未采取任何风险防控措施）的修复情况，修复过程中采取了安全防护措施。

场地特征

工业园区总面积为 4 km^2，距市中心 5 km。两个垃圾填埋场位于工业园区南部近海岸处。

其中较大的一个垃圾填埋场距离海岸 50 m，面积约 16 万 m^2，呈平行四边形。场地地形平坦，海拔高度约为 5 m。周边有生产活动区和一个带有预处理装置的废弃物临时存储区（2 500 m^2）。

另一个垃圾填埋场位于工业园区南部，距离海岸 1 km，面积约为 5 万 m^2，形状呈梯形。南侧地形平坦，海拔高度约 5 m，北侧有两个堤岸。场地平坦区域有一个存储区。

区域位置

场地的地质特征为：

- 回填土层以粗料为主；
- 一些工业废渣中掺杂有沙子和黏质粉土透镜；
- 有一个砂质基层；
- 地面下 25 m 有一个黏土层。
- 含水层局部承压。

污染特征

1995—1998 年，对场地部分亚表层土壤进行了调查，以判定场地是否因废弃物堆存而产生了潜在污染，并进一步确定污染范围。

在较大的垃圾填埋场中，综合考虑以往的工业生产活动，最终确定的分析检测项目为有机物和重金属类。检测浓度超过相关阈值范围的关注污染物为：TPH、BTEX、PAH、含氯化合物和金属（锌、汞和砷）。浅层土中检测出的污染物浓度较高，随着深度增加，浓度逐渐降低。

较小的垃圾填埋场中检测到的有机污染物与大填埋场相同，无机物中铬和铜浓度超出了阈值水平。调查中发现地下室中堆存有工业废弃物。地下水中也检测到超出相关阈值水平的 BTEX、TPH、PAH、含氯化合物和金属等。

场地航拍照片

概念模型

该场地的土壤污染与填埋废弃物和工业废渣过程中未采取任何风险防控措施有关，不同时期掩埋的废渣与回填土混于一体，废渣和废弃物的存在造成了土壤和地下水的污染。

场地的北侧视图

修复目标

修复的主要目的是防止污染扩散，避免对人体健康和场地再开发（用于存储和服务）带来任何可能的不利影响。

在修复过程中采取安全措施是为了在帷幕区彻底移除污染物质，从而达到封锁污染并在其中进行处置的目的。

选定和采用的修复活动

该地区地质条件表明，无论是从技术还是经济角度，最优的修复方案是在黏土层中垂直嵌入塑料隔板和防渗土工膜以将受污染区域横向隔离，并在地表加盖防渗覆盖物。

一旦隔离了污染源，生物降解作用将会使地下水中污染物的浓度逐渐降低到阈值水平以下。根据当地的水文地质情况，估计地下水在 3 年后可以达标。

实现的修复目标

项目通过了当局的批准。

场地上安装了两个塑料隔板，其中一个 1 450 m 长的隔板安装在东南区域；另一个 800 m 的隔板安装在工业园区南侧，两个隔板均为 80 cm 厚，采用 HDPE 内衬防水。

采用最适宜的操作和控制措施开展了场地修复活动，保证了最佳的修复效率，实现了环境的全面保护。

修建防渗墙时，挖出土壤的区域，以水泥和膨润土混合物填补。

两个垃圾填埋场表面采用粉土层和 HDPE 土工膜进行了改造和防水处理，HDPE 膜上再覆盖一层土工合成材料和砂层。植被土壤和混凝土板（与未来用地需求有关）位于 HDPE 上方。填埋场中安装了排水系统和一个应急抽水系统，同时安装了一套用于监测封闭空间内外地下水位的压力计（内部的地下水位必须低于外部），便于发生渗透时进行控制和启动应急系统，防止污染迁移。

管理过程

修复总费用约为 950 万欧元，由工厂所有者修复场地并提供修复资金，由公共部门颁发修复完工证书，修复活动持续时间为 2 年。

场地概览

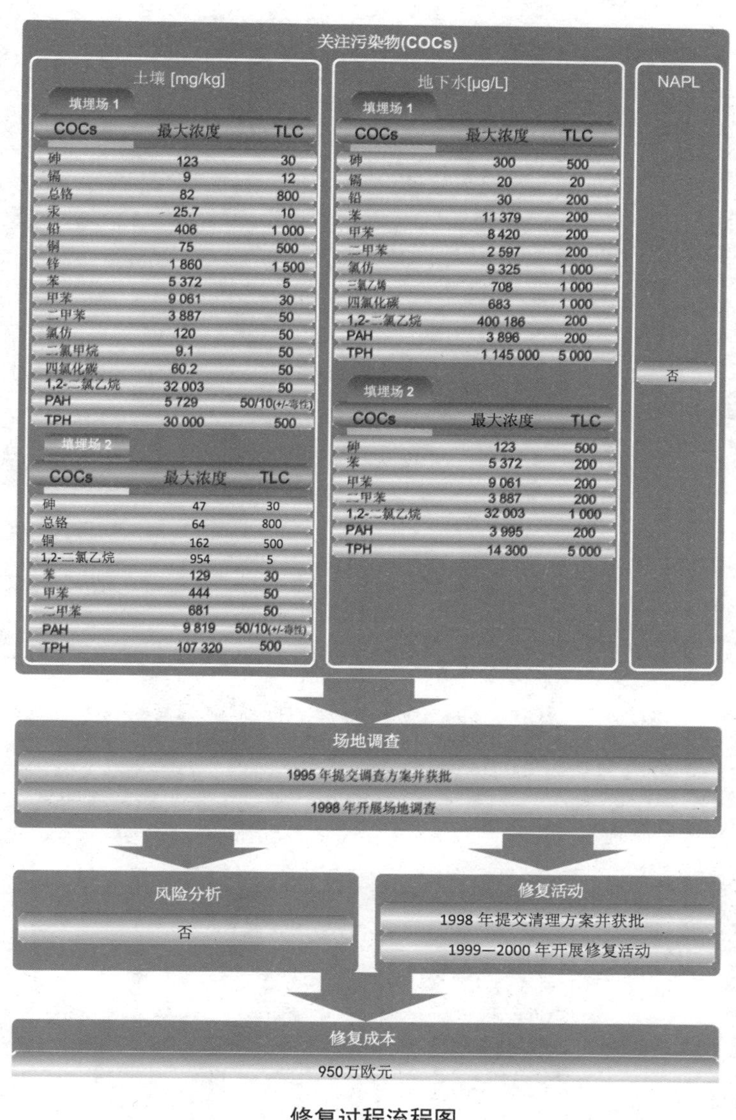
关注污染物(COCs)
土壤 [mg/kg]
填埋场 1
COCs 最大浓度 TLC
砷 123 30
镉 9 12
总铬 82 800
汞 25.7 10
铅 406 1 000
铜 75 500
锌 1 860 1 500
苯 5 372 5
甲苯 9 061 30
二甲苯 3 887 50
氯仿 120 50
二氯甲烷 9.1 50
四氯化碳 60.2 50
1,2-二氯乙烷 32 003 50
PAH 5 729 50/10(+/-毒性)
TPH 30 000 500
填埋场 2
COCs 最大浓度 TLC
砷 47 30
总铬 64 800
铜 162 500
1,2-二氯乙烷 954 5
苯 129 30
甲苯 444 50
二甲苯 681 50
PAH 9 819 50/10(+/-毒性)
TPH 107 320 500
地下水[μg/L]
填埋场 1
COCs 最大浓度 TLC
砷 300 500
镉 20 20
铅 30 200
苯 11 379 200
甲苯 8 420 200
二甲苯 2 597 200
氯仿 9 325 1 000
三氯乙烯 708 1 000
四氯化碳 683 1 000
1,2-二氯乙烷 400 186 200
PAH 3 896 200
TPH 1 145 000 5 000
填埋场 2
COCs 最大浓度 TLC
砷 123 500
苯 5 372 200
甲苯 9 061 200
二甲苯 3 887 200
1,2-二氯乙烷 32 003 1 000
PAH 3 995 200
TPH 14 300 5 000
NAPL
否
场地调查
1995 年提交调查方案并获批
1998 年开展场地调查
风险分析
否
修复活动
1998 年提交清理方案并获批
1999—2000 年开展修复活动
修复成本
950万欧元

修复过程流程图

3 制革厂

引言

本案例介绍的是位于意大利北部第勒尼安（Tyrrhenian）海岸线上一个村庄中部工业区的市区重建项目。

如下文所述，这一重建项目是个非常典型的案例，检测到的污染物浓度虽然高于规定的筛选阈值水平，但并不意味着需要进行场地清理。

场地特征

自1800年以来，该区域开展了许多工业活动，尤其是一部分厂区专用于制革活动。制革工作包括将粗糙的兽皮转变为皮革，这些工作涉及许多需要使用大量化学物质（如颜料、树脂、蜡、油、脂和精加工产品）的工艺，制革厂20世纪80年代关闭。该区域的另一部分用于煤转气生产。

该区域分为两个区，总面积为22 000 m^2。较大的一个区是制革厂所在地，主要是一些建筑物和工厂大棚；第二个区里有一个运动场、一个消防站和宿舍区。除运动场外，该区域几乎全部进行了铺砌（由沥青或混凝土铺砌材料铺砌）或被建筑物所覆盖。

区域位置

场地的岩性特征是，从地面开始依次为砂层和卵石砂层，更深处则变成了粗砾石层。这些岩土具有中—高度的渗透性，潜水位于该层。下面是一个由砾岩组成的底板，砾岩由粗颗粒到砂岩、到细砂再到易风化的粉砂组成。

污染特征

如前所述，场地核心区域是制革厂。调查开始时，在制革区仍存在一些用于皮革加工的混凝土池，一些池中装满了危险废液，而其他废物则堆放在大棚里。为了检验下方土壤的质量，场地调查活动开始之前，对所有废物进行了移除和处置。

制革混凝土池

场地调查未能覆盖整个区域，因为其中的部分区域仍在进行生产活动（例如消防站），钻探设备无法入内。

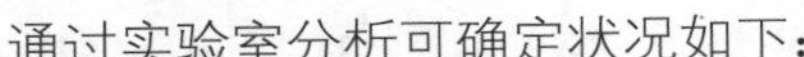

通过实验室分析可确定状况如下：

- 普遍存在金属浓度超过规定阈值的情况（所有调查深度的土壤中总铬和镍均超标）；
- 局部区域表层土壤中汞、铅、铜和锌超过阈值水平；
- 局部区域最上层 1 m 以内表层土壤中多氯联苯超过阈值水平；
- 局部区域土壤中大分子烃类物质超过阈值水平，基本都是在最上层 1 m 以内的表层土壤中。

对场地进行了两次地下水监测。从分析结果来看，仅有一次局部区域检测到砷、四氯乙烯和 1,2- 二氯丙烷超过阈值水平。

地下水出现超标污染与用于制革的池子发生泄漏以及原料存储有关。

虽然制革厂区的高浓度铬污染与制革工艺密切相关（铬是制革过程的典型产物），但普遍存在的铬和镍污染却与自然背景有关，因为调查发现周边区域的沉积物中含有类似浓度的铬和镍。

多环芳烃、石油烃、汞、铅、铜和锌的局部超标，最终确认是人为造成的。尤其是石油烃超标与燃料罐泄漏有关，而导致多环芳烃、铅、铜和锌（仅在表层土壤中发现）污染的污染源不好确定。

根据观测，地下水样品中污染物超过阈值在时间（进行的两次监测中只有一次发现超标）和空间上（7 个压力井中只有 3 个高于阈值水平）是不连续的。因此，地下水原则上可以认定为没有受到污染。不管怎样，在风险分析中均保守地阐明了所有检测到的超标情况。

概念模型

根据调查结果，为了确证是否需要采取修复行动，在考虑场地未来布局和用地类型的基础上进行了风险分析。

由于调查没有覆盖整个场地，因此保守地假设污染遍布整个区域，各个污染物的浓度等同于所检测到的最大值，且假设污染源延伸到了已检测到超标的最大深度处。

在此基础上，按以下几种不同情景进行了风险分析，以计算该场地基于风险的允许浓度（RBACs）：

• 居住在房屋一楼，通过蒸气（来自土壤和地下水）吸入暴露的室内人群；

• 在室内地面上工作的，通过蒸气（来自土壤和地下水）吸入暴露的商业活动人群；

• 使用地下停车场，通过蒸气（来自土壤和地下水）吸入暴露的商业人员；

• 住宅用地中通过室外蒸气（来自土壤和地下水）吸入暴露的居民；

先前活动造成的地表土壤上的泄漏

•（在未铺砌或绿地区域）土壤污染物淋溶到地下水的情形。

未考虑直接接触污染土壤以及灰尘吸入，因为该区域将被完全铺砌，全部绿地部分将会覆盖新的表土（厚度为 50 cm）。

区域未来用地布局

修复目标

基于以上分析，以各污染物在不同模拟情景下的最小值，为场地特定的 RBACs 值。

由于计算得到的 RBACs 值远高于场地上检测到的污染物的最大浓度值，风险分析结果表明场地不需要开展任何修复行动。

实现的修复目标

只有通过风险评估才能确定场地是否需要清理。在这之前，场地只应被认为是“可能”受到污染。

因场地污染物检测值均低于 RBACs，故按照意大利法规无需进一步开展场地评估和修复工作。

然而，需要强调的是，这一结果与风险分析概念模型中对场地布局的规划密切相关。如果市区重建规划发生了变化，则必须重新进行风险评估。例如，如果该区域没有完全铺砌或被干净的植被土壤覆盖，则需要考虑表层土壤直接接触暴露途径。

管理过程

正式的风险分析结果在 2012 年底获得批准，而市区重建将在 2013 年启动。

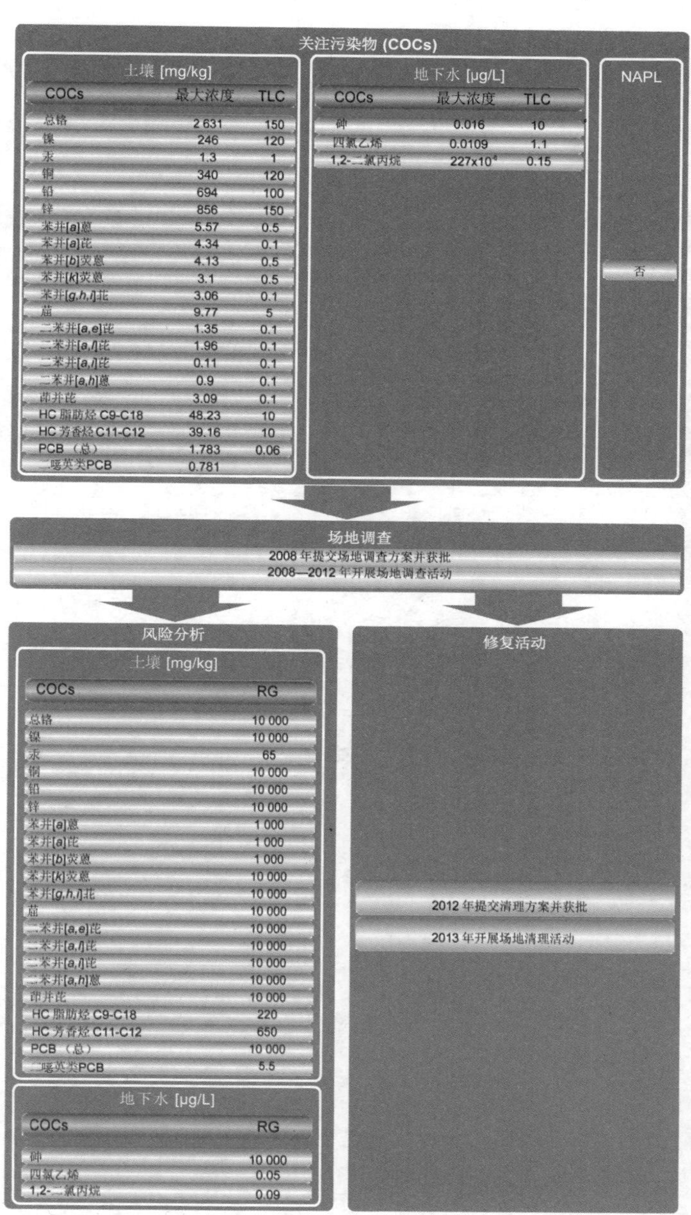

修复过程流程图

4 化学废弃物填埋场

引言

案例介绍了采用安全措施对意大利北部一个未采取防控措施的化学废弃物填埋场进行修复的过程。

填埋场右侧，即它的北部和东部边界是一条大河。填埋场海拔高度 340 m，分为两个独立的区域：北区是一块冲积形成的耕种平地，南区则是一个堤岸，坡度较陡，有一个 4 万 m^2 的废物填埋区，总容积 24 万 m^3。

场地特征

场地地层结构如下：

• 一个冲积沉积物层（以砂砾和卵石为主）；

• 一个 2 m 厚的细颗粒物覆盖层；

• 一个 8 m 厚的化工残留废弃物堆积层；

• 一个冲积沉积物层，主要由粗颗粒物质、少量砂质和粉质黏土细物质（局部）组成，具有中高渗透性，厚度 4 ～ 7 m；

• 基岩有少量裂隙，渗透性较差。

污染特征

场地东侧和北侧有一条大河，地下水深度恒定。由于废弃物掩埋过程中未采取相应防控措施，故开展了一些底土调查工作，以确定该区域污染状况，并获知地层信息。

检测结果表明金属（砷、汞、钴）浓度高于相应阈值水平（住宅）。

沿河岸修建的暗礁

概念模型

废弃物遍布整个区域。垃圾填埋堆内有滞留水，由于淋滤作用造成了土壤及地下水的污染。在土壤和地下水调查过程中，发现污染已经扩散到了场地下游的边界外区域。

将体积庞大的废弃物移除的方法在经济上不可行，为防止污染扩散到河流并进入附近水井，建议对垃圾填埋场设计并实施有效的安全防控措施。

选定和采用的修复活动

采取的防控措施如下：

- 修建隔离区，挖出所有污染物质，在隔离区内处理挖出的物质；

• 将污染土壤与周围环境隔离；

• 安装一套应急抽水系统，以保证连续有效地控制密闭区域。

为了实现修复目标，必须做到：

• 如必要，在实施安全措施前改造地面；

• 移除掩埋的污染物质；

• 在黏土层内垂直嵌入塑料隔板，并在地表覆盖防渗土工膜，以隔离受污染区域；

• 实施监测活动，启用一个应急抽水系统。

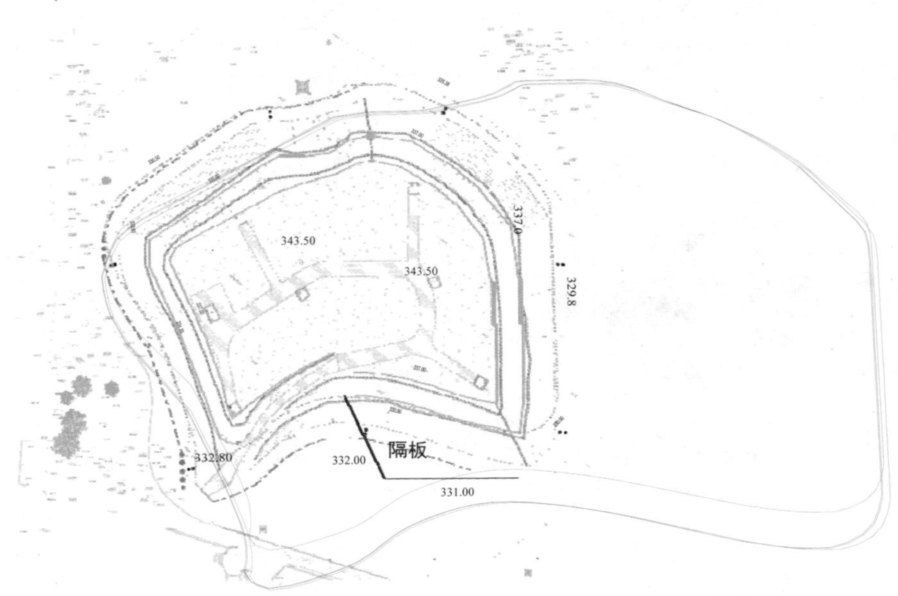

塑料隔板设计

实现的修复目标

修建了一个塑料隔板，以隔离受污染区域。隔板长 700 m，厚 80 cm。沿着河岸修建了 1 m 厚的暗礁作为防护。同时在地表也做了一些防护工作，如采用干净的土覆盖、修建一个雨水排水系统，并安装了压力监测计。

管理过程

总修复费用约为 300 万欧元。该项目由地区提供资金。安全防控修复工作于 1998 年 3 月启动， 2001 年 8 月结束。

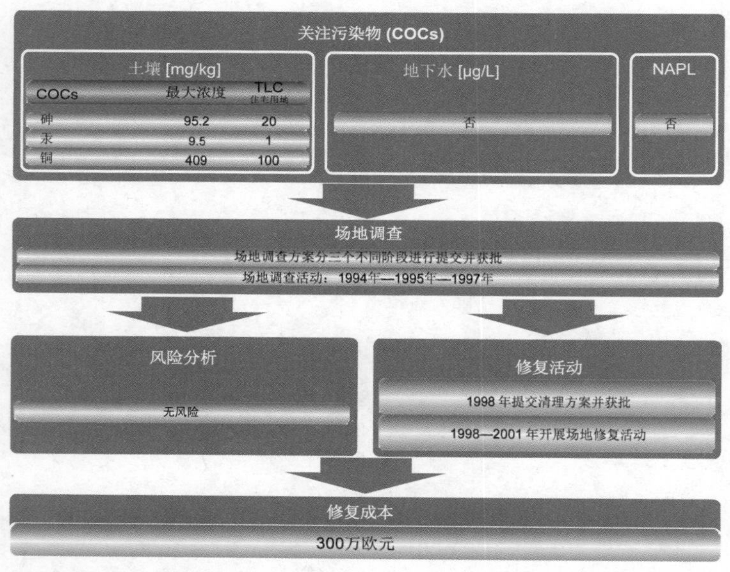

修复过程流程图

5 化肥生产

引言

案例介绍的是意大利北部的一个化工场地的修复情况。该化工厂位于一个大工业园区内（以案例20中处理的场地为界），场地位于工厂（约40万 m^2）的东南部。

场地右侧为一条河流，离最近城市的市中心约1 km。修复后，场地将规划为工业用地。该化工厂建于20世纪40年代，用于生产肥料和化学品。化工厂建成后修建了一个供水大坝，河流的流向因此也发生了改变。

经过多次改造后，工厂于1994年停止了生产活动。最后一次也是最重大的一次改造是在20世纪70年代，重点修建了四个生产装置，分别用于重组、氨合成、尿素和碳酸氢铵。

场地特征

场地坐落于7 m厚的冲积淤泥上，南部和西部毗邻河流，北侧和东侧毗邻其他工业场所。冲积淤泥底部由粗砂层构成，在粉砂土中含有卵石和砾石，表层为砂土或砂质粉土，略厚。在冲积淤泥底部有一个厚度不同、质地均匀、几乎没有裂缝的基岩。

场地表面覆盖有一层由工业废渣（黄铁矿灰和拆迁垃圾）组成的回填层。

场地含水层有雨水渗入，有来自大工业区周围山丘的地表径流输入，以及因大坝而引起的季节性上游河水补给。在雨季，因大坝的存在而形成了特殊的地下水流，河水进入位于大坝上游的场地，并流经场地，从大坝下游流出。

污染特征

工厂主要生产氮肥、复合肥及中间产物，如硫酸铵、硝酸钙、硝酸 / 亚硝酸钠、硫酸和硝酸、氨水、碳酸氢铵以及其他化学品。

20 世纪 80 年代开展的一系列土壤、地下水和地表水采样检测结果表明场地存在一定的危险性。

氯化钠储罐下游地下水和地表水中，铵离子的浓度有所上升。此外，还检测到硫酸盐和苯酚微量超标，大量检出的锰主要由自然背景引起。意大利的环境法规中还没有制订土壤和地下水中氨的浓度限值，但地表水有相关限值（15 mg/L），本场地地下水中检测到的氨浓度（大约在 100 mg/L 数量级）远高于地表水氨的限值。

土壤调查结果表明：

• 由于黄铁矿灰的缘故，场地广泛存在砷污染，尤其是在场地南部，峰值浓度超过了 100 mg/kg；

• 在氯化钠生产区域，局部存在汞超标；

• 场地南部，镍、铅、铜和锌局部超标；

• 场地中心，TPH 和 VOC（苯）局部超标。

区域位置

概念模型

该场地检测到的污染本质上与工业生产掩埋的残余物以及铵类化合物溶解渗透进入深层土壤有关。

重金属导致的土壤污染可归因于工业残余物的掩埋。

地下水和地表水的氨污染是由于地下水与氯化钠储罐连通（混凝土罐破裂导致渗漏），这些储罐底部位于渗流层，因此容易受到地下水位波动的影响。当地下水位较高时（雨季，地下水由河水补给），池中所含的氯化钠与水混合，导致氨渗漏进入地下水，含有氨的地下水流经工业场地，然后排放到大坝下游的河水中。

修复目标

• 确保土壤质量达标，不会给工人造成任何风险；

• 确保地面以下 1 m 内土壤符合工业用地土壤限值（以避免工人与受污染土壤发生直接接触）；

• 场地可重新开发用于工业和物流用途。

选定和采用的修复活动

针对场地土壤污染，以工人为受体开展了风险分析。

风险分析结果表明，只要不与土壤直接接触，对建筑工人没有风险。因此，首先将该区域表层污染土壤（地面以下 1m 以内）挖出，再回填覆盖一层干净的表层土壤。场地其余部分进行铺砌，经风险分析证明无需进一步干预处理。

针对地下水的污染，设计了一个屏障墙来限制污染物的迁移。具体说来，就是在场地下游边界修建了一个塑料隔板，以防止污染的地下水继续向下游扩散。塑料隔板长 900 m，嵌入基岩内。隔板与一个地下水井点系统相配合，对受污染的地下水进行抽出处理以保持地下水位低于地面，抽出的水先储存于储罐内，然后送往工厂进行生物处理。

定期监测地下水，历时 5 年。被挖掘区域采用 1 m 厚符合质量标准的干净土壤覆盖，需挖掘土壤总体积为 15 000 m^3。

实现的修复目标

土壤修复（开挖、处置、铺砌和采用干净土壤覆盖）历时 11 个月。修建帷幕、地下水井点系统和地下水处理历时超过 2 年。目前，地下水井点系统尚未运行，但自然条件下的土壤淋洗有助于降低氨浓度。

修复费用和管理过程

修复活动总费用约为 300 万欧元，修复工程共历时 3 年。

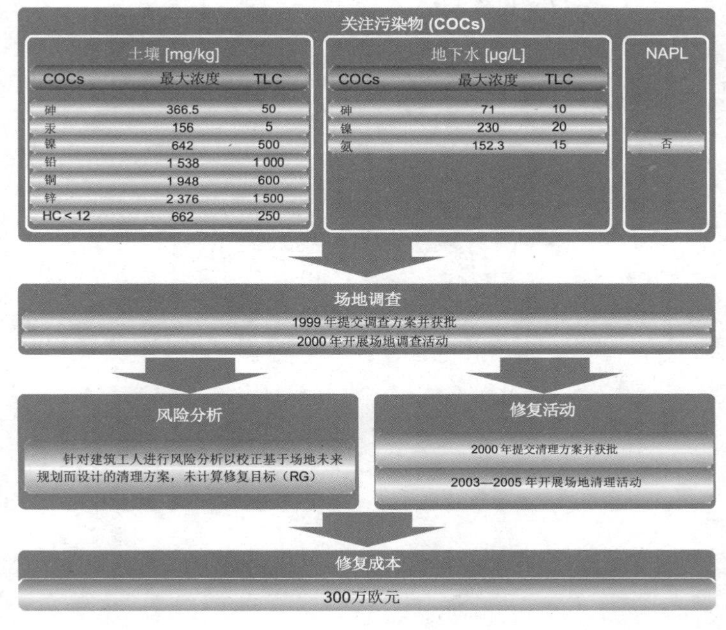

修复过程流程图

石油行业

油库和输油站

储油设施场地

罐区和泵站

炼油厂罐区

油库

井喷场地

管道溢油场地

石油管道泄漏

炼油厂

金属加工液生产厂

加油站

6 油库和输油站

引言

案例介绍了一个储油罐区修复项目，场地位于意大利北部一个高度城市化的地区，靠近一条国道，周围有几家工厂和居民楼。针对场地污染问题，该项目从 1998—2007 年完成了修复工程设计、场地监管和修复后监测等工作。

场地面积约 10.3 万 m^2，场地地块平整，1998 年以前主要用于存储和处理石油烃类产品（包括房屋供暖、机动车用燃油以及含铅和无铅汽油），总容量超过 18 万 m^3。场地主要基础设施有若干储油罐和加油罐、铁路轨道、油水分离器、一个泵站和几间办公室。

在长达 40 年的生产过程中，由于管道和储罐中油类的泄漏及扩散导致土壤和地下水污染。确定的主要污染物是轻质和重质烃，以及铸造厂废弃物中所含的一些重金属，过去这些废弃物主要用作场地回填材料。

场地修复后将用于开发新的商业和工业企业。如今该场地已全面修复，场地内坐落有一些商业设施，包括小型工厂。

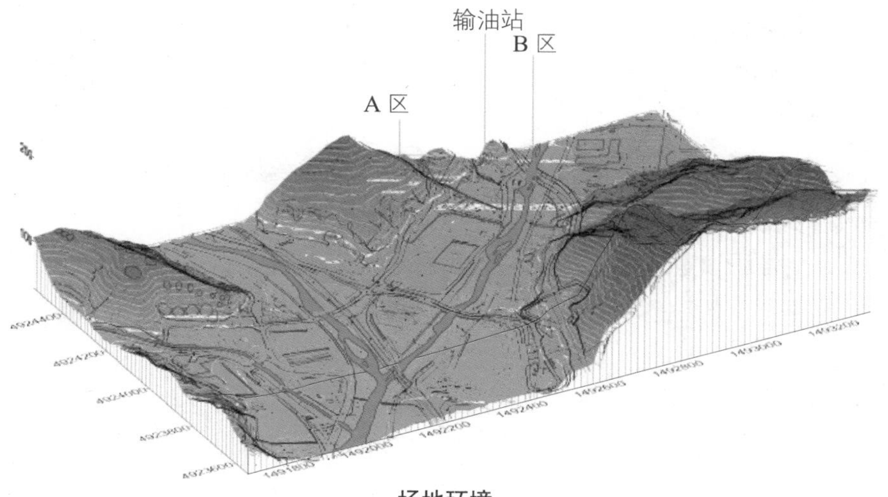

场地环境

场地特征

储罐区位于一个冲积谷内，下方为一个约 30 m 厚的粗质土层。潜水含水层位于地面以下 4 ~ 5 m，同时由于相邻河床，地下水脆弱性很高。

场地踏勘结果表明：

- 有遗留的工业基础设施需要拆除；
- 场地与关键受体距离很近（距离场地 50 m 以内有河流和住宅楼）；

生物堆技术

- 局部含水层（浅水层）与附近河流相通；
- 在产品处理过程中由于地下管道破裂，发生过疑似或报道过石油泄漏事件；
- 存在地下弃置基础设施，例如石油运输管道和场地弃置之前未全部清空的储罐；
- 由轻质和重质石油烃导致的明显的表土污染；
- 疑似存在因使用铸造厂废弃物作为回填材料而造成的重金属污染。

污染特征

40 多年来，在场地上利用油罐及地面和地下管网储存、运输和处理烃类产物造成了场地土壤和地下水的污染。报道过的和疑似的石油泄漏和溢出现象均有发生，影响了周围环境。

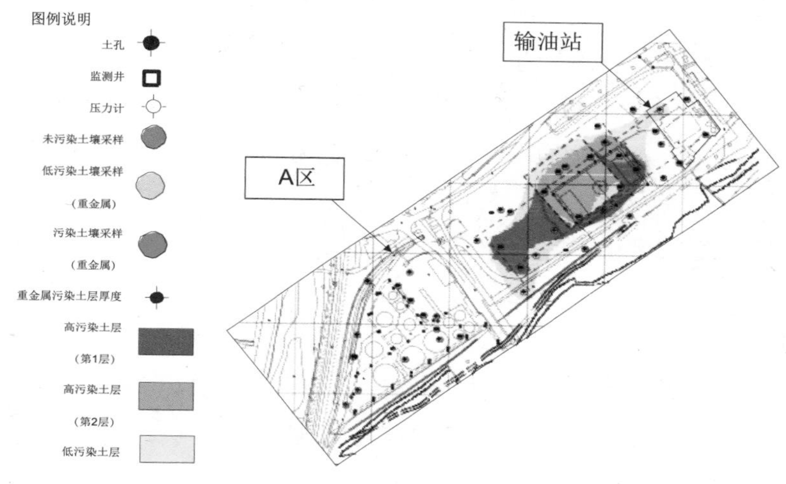

场地建模和重金属污染等值线

如前所述，另一个污染源是含高浓度重金属的铸造厂废弃物回填材料。这些材料既是要移除的污染介质，同时由于渗滤作用也是底土和含水层的污染源。

为了进行场地土壤和地下水调查，共布设120多个土壤钻孔，安装了42个永久性或临时性监测井。

共采集500多个土壤样品及多个地下水样品送有资质的实验室进行分析，分析项目包括VOC、BTEX、PAHs、矿物油、重金属、农药、PCBs等。需要强调的是，在场地调查阶段，国家还未正式颁布相关标准和规范。1999年颁布了第471号部长级法令（确定了一套土壤和地下水的筛选参数及最大允许浓度），之后所有采样活动均根据新法规要求进行。

调查结果表明，土壤中一些分析项目超过了工业用地阈值水平，如轻质烃、重质烃、矿物油和重金属（包括砷、镉、总铬、汞、镍、铅、铜和锌）等。土壤中矿物油和总石油烃（TPH）的最大检测浓度分别为 17 500 ppm 和 13 500 ppm。地下水中矿物油最大浓度约为 2 100 μg/L，地下水采样过程中发现了浮油。场地污染土量约为 135 000m^3。

几个尚未移除的装置和设备对于全面可靠的场地调查有很大影响。因为设备移除与场地调查同时进行（甚至是在场地调查之后），场地污染特性只能在几个月后才能最终确定，其间必须根据基础设施移除后的新发现不断重新定义场地调查的范围和目标。

概念模型

为了分析污染场地对环境和人类受体（现场工人）的潜在风险，进行了特定场地的风险评估。风险评估过程中考虑的主要潜在污染物迁移途径为：

- 由于雨水渗滤作用，污染物迁移到更深层；
- 由于沥滤到土壤中，污染物迁移到地下水中；
- 由于移除和挖掘活动会造成污染物的大气扩散，同时，由于工人直接接触、摄入和吸入受到污染的灰尘、土壤颗粒和大气而导致人体健康风险。

修复目标

1997—2001 年，不同时期针对场地的不同区域确定了不同的修复目标。

1998 年前批准的清理修复项目将场地的修复目标值设定为 1997 年地区污染场地管理法令确定的阈值浓度（对于工业用地，矿物油要被修复至低于 5 000 mg/kg；碳氢化合物要被修复至低于 5 000 mg/kg）。在制定了部长级法令 471/99 后的项目修订及重新批准中，修复指导值根据当时法规重新修订。

为了进一步满足修复的需求，最合适的修复目标是在对人类和环境受体进行风险分析的基础上确定。需要强调的是，在本项目开展时基于风险确定场地修复目标的方法尚在发展阶段，且无法律规定，因此要加强与公共部门的紧密互动，共同确定清理目标并验证其结果。

清理工程之前和重建之后的案例研究区域

风险分析结果表明，仅表层土壤中的污染物会存在迁移风险或对未来场地使用者造成不可接受的风险，因此只需要修复表层土壤。土壤和底土相关污染物的相关修复目标确定如下：

• 石油烃：对于轻质烃（C ≤ 12），污染深度在地面以下 2.5 ～ 4m 时为 500 mg/kg , 污染深度在地面以下超过 4 m 时为 750 mg/kg；重质烃（C ＞ 12）均为 15 000 mg/kg;

• 金属：砷：5 000 mg/kg；镉：250 mg/kg；总铬：800 mg/kg；汞：10 mg/kg；镍：500 mg/kg；铅：50 000 mg/kg；铜：100 000 mg/kg；锌：50 000 mg/kg。

采用的修复策略和活动

场地修复方案的选择主要以污染物特点、技术适用性以及成本评估为依据；修复范围则是以场地调查数据和风险分析结果为依据。

场地土壤、底土和地下水修复技术根据污染物的类型和浓度进行选择，包括：

• 地下水抽出和漂浮物去除；

• 生物通风；

• 生物堆法；

• 挖掘与场外处置。

总共安装了 8 ～ 10 台带泵的水井以抽出受污染地下水，抽出的地下水通过油水分离系统进行处理，直到残余油的浓度达到 0.01 mg/L 为止。需要特别指出的是，去除游离物是地下水修复的第一阶段，用撇油器回收游离油约用了 8 个月时间，共回收 6 ～ 7 m^3 石油，由授权工厂进行后续场外处置。

至于土壤和底土修复，采用了以下处置方法：

• 生物堆系统：这一技术用来处理受到轻质到中等重质石油烃污染的共 8 500 m^3 土壤。生物堆区进行了初步平整，并采用 HDPE 膜进行了防水处理。在生物堆区周围，安装了一个管道来收集浸出液。污染土壤分五层挖出和处置，每层 50 cm 厚，总高度为 2.5 m。为了给生物堆通气，安装了通气管道，并与两台增压泵相连。生物堆的顶部覆盖有一层低密度聚乙烯（LDPE）膜；

• 生物通风系统：在两个不同区域用该技术进行了原位土壤处理，总表面覆盖面积约为 20 000 m^2，在深度 6 m 处安装了系列喷气井以给受污染底土提供适量空气促进其好氧降解。

• 挖掘与场外处置：这一技术仅用于受到严重影响的土壤，因此在场地修复活动中，仅在确定的点位区域进行。

修复活动始于 1998 年 12 月，最后一个生物通气系统于 2001 年底停止运行。场地上的修复后监测活动包括地下水监测，除了已经安装在场地上的监测井以外，又安装了新的专用监测井。在开展的清理活动得到认证后，地下水监测活动按照主管部门的规定每个季度采样一次，一直持续到 2007 年。

实现的修复目标

在场地上实施修复措施取得的主要成果包括：

• 采用生物堆法技术成功处理了 8 500 m^3 受到石油烃污染的土壤；

• 通过生物通风原位处理法成功处理了大约 2 万 m^2 石油烃污染土壤；

生物堆系统

• 在石油烃浓度极高的热点区域，共挖出约 1 000 t 污染土壤并进行了场外处置；

• 石油烃污染的地下水首先采用撇油器系统进行了初步的油水分离后，通过一个抽出处理系统进行了处理。

修复活动的总费用约为 80 欧元 /m^2，整个场地的总费用约为 800 万欧元。

管理过程

参与了场地修复活动的利益相关者包括：

• 当地一家公共工程和土地再开发公司，该公司收购了该污染场地，并启动修复工程以使其符合商业用途标准。修复费用由出售盈利支付。

• 当地市级和省级部门，负责批准修复项目并监督整个修复过程。

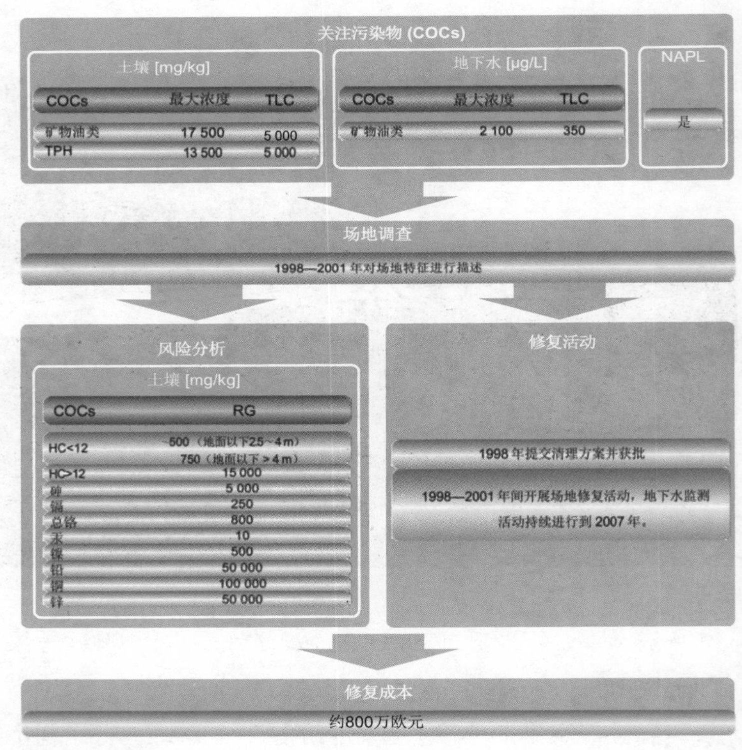

修复过程流程图

7 储油设施场地

引言

案例介绍了一个位于意大利北部山顶上，面积约为 8 万 m^2 的前储油设施场地的修复情况。

具体而言，主要涉及场地再开发利用之前的储油罐拆除和土壤清理。

场地特征

场地上存在 8 个储油罐（容量从 10 000 ～ 45 000 m^3 不等），2 个位于地上，6 个位于地下（达 35 000 m^3）。

场地陡峭区域的基岩已发生大面积变形、断裂，因此基岩中填入了卵石、砂土和黏土等物质。因修建储油罐改变了地面结构，包括在地表覆盖了一层回填土。

表层回填土下的亚表层土渗透性较低，但基岩因发生断裂，水的渗透性较高，局部区域形成水流，由各个方向流向附近的较大裂隙，但没有形成常规的含水层。

污染特征

1999 年 7 月进行了深层土调查，由于储油罐的存在，妨碍了对其下方土壤的详尽调查。旱季缺水妨碍了压力计的定期清洗，影响了采样质量和实验室分析结果的可靠性。因此在开始修复工作之前，对所有监测井水进行了进一步采样和实验室分析。

调查结果表明土壤受到了 TPH 的影响，轻质石油烃的最大浓度为 2 000 mg/kg，重质 TPH 的最大浓度为 6 000 mg/kg。

场地位置

污染延伸至地面以下 30 m，受到影响的土壤体积估计有 10 000 m^3（需要挖出的体积超过 125 000 m^3）。

此外，在 8 号储罐下方检测到自由相物质，但储罐的主体外壳结构起到了“堤坝”的作用，抑制油类向下迁移进入深层土中。

储罐内混有油状乳液的水

概念模型

场地调查，发现原石油库区存在土壤污染，但储气区没有发现污染。一些储罐中发现了蒽，约有 15 m^3，储气罐的内表面也覆盖了一层蒽类物质，厚度约为 3 mm，总体积为 30 m^3。

修复目标

修复总体目标是移除受污染土壤，拆除现存工业基础设施，将场地恢复为适合建设新生产设施的用地。

生物堆法系统

挡墙施工

选定和采用的修复策略和活动

由于场地开始修复时尚未确定未来开发重建项目，所以对场地的干预及现场处理事先征得了公共机构的同意，包括：

• 海拔 100 m 以上区域没有受到污染，因此将不考虑清理；

• 停止使用所有设施（位于海拔 75 ～ 100 m）；

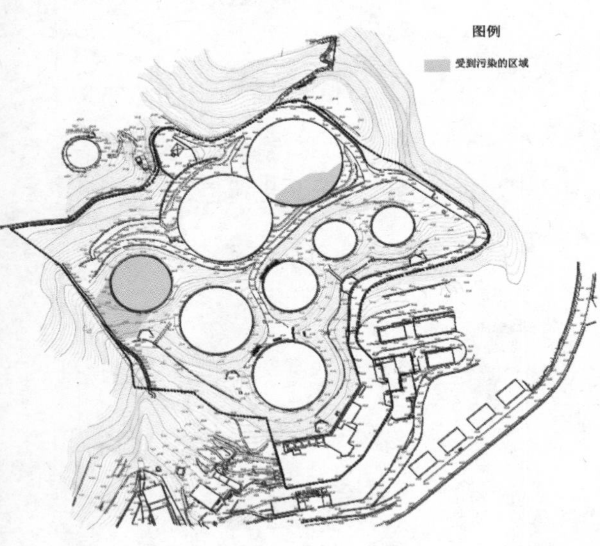

柏林式（Berliner） 牵拉防护墙

• 挖出的土壤如果符合阈值水平，将被回填到拆除储罐的位置，使海拔 75 m 处地面平整。

场地修复设计包括：

• 修建一个 20 m 高 307 m 长的锚式挡土墙，即“柏林式（Berliner）”牵拉防护墙，以方便储罐移除和土壤挖掘；

• 挖出的土壤采用生物堆法现场处理（生物修复面积等于 7 000 m^2）；

• 移除和场外处理 8 号储罐下方的自由相物质，场外处置所有受污染土壤（部分进行洗涤）。

实现的修复目标

在修复工程开始之前完成储罐的移除工作。

修复前，进行了一些补充调查和测试，以实现修复项目技术和经济最优化。

修复完成后，形成了两个主要的平坦区域，海拔分别为 75 m 和 85 m，两者之间有 一个陡坡连接。

场地总修复费用为 300 万欧元。

场地挖掘

管理过程

修复工程历时 23 个月，于 2001 年完成。

地块归市政府所有，但尚未制定具体市区重建计划，目前临时用作铁路隧道挖出材料的存储区。

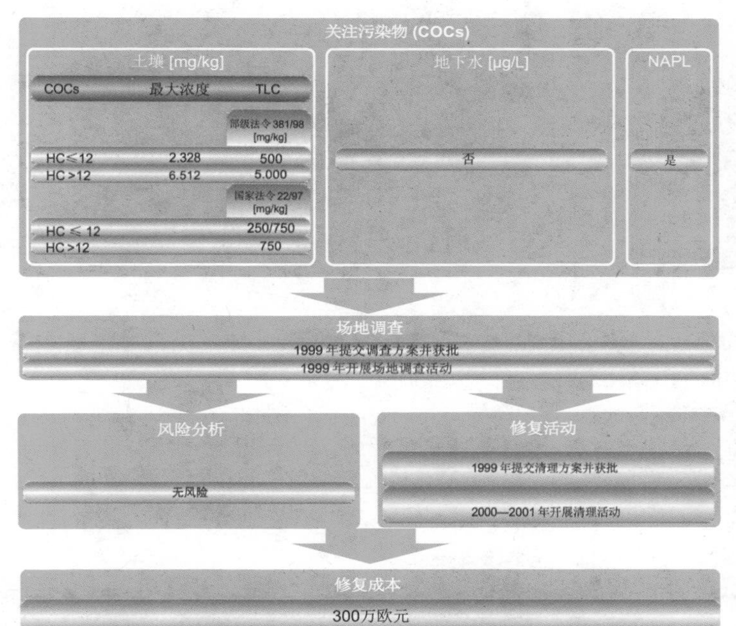

修复过程流程图

8 罐区和泵站

引言

案例介绍了位于意大利北部的一个弃置石油存储设施的修复过程。2001 年开始针对工业区生产单元开展了相关修复活动。根据区域城市发展状况对修复项目进行了调整。

场地特征

研究区域位于一条河流右侧的坡地上，面积约为 86 000 m^2。该研究区域覆盖了整个山坡和一块平地，1994 年以前一直用作储油场地，周边是其他储油设施区、工业区、住宅区和一条铁路线。

斜坡中低部的主要岩层结构由黏土或粉砂质黏土组成，而斜坡下部为冲积层，主要由粒度不一、夹有黏土颗粒的卵石和沙子组成。

由于基岩断裂程度较高，所以呈半渗透性，并存在黏土和砂岩。人工回填土层粒度不均匀，主要是粉质或黏土细料，夹杂有粗料。鉴于上述岩性，断定地下水的流通是波动性的，总体流速很低。

区域位置

污染特征

场地预期开发为商业和住宅用地，为了实施场地修复计划，主要针对土壤和地下水质量进行了调查。

第一次初步调查阶段，调查活动如下：

土壤污染证据污染层测量

- 24 个钻孔（7 m 深，位于油罐所在位置上）；
- 14 个钻孔（7 m 深），安装了监测井；
- 4 个钻孔（9 m 深），安装了监测井；
- 10 个坑（3 m 深）；
- 9 个钻孔（20 m 深）。

第二次调查阶段，调查工作如下：

- 14 个钻孔，安装了监测井（15 m 深）；
- 2 个钻孔（12 m 深）；
- 25 个坑（3 m 深）。

两个 12 m 深的钻孔是为了确认规划中地下隧道下方的污染特性。按照意大利环境法律规定，对土壤和地下水样品进行了分析。分析结果表明，土壤超过阈值水平的项目包括：

- TPH，重质烃的最大值为 55 715 mg/kg；轻质烃的最大值为 2 121 mg/kg；
- 金属，即铬和镍，检测到的最大值分别为 1 015 mg/kg 和 1 358 mg/kg；
- BTEX，具体为苯、甲苯、二甲苯，检测到的最大值分别为 12 mg/kg、321 mg/kg 和 457 mg/kg；
- PAH，包括芘（最高浓度为 67 mg/kg）；苯并 [*a*] 蒽（58 mg/

kg）、䓛（165 mg/kg）、苯并 [*b*] 荧蒽（62 mg/kg）、苯并 [*a*] 芘（21 mg/kg）、苯并 [*g*,*h*,*i*] 芘（10.6 mg/kg），以及茚并 [1,2,3-*c*,*d*] 芘（7.7 mg/kg）。

同时分析结果表明所有地下水样品均符合适用的阈值水平。

通过对检测结果进行分析得到以下结论：

• 规划的商业用地区仅局部存在污染，且深度主要在表层 40 cm 以内；

• 污染广泛存在于规划的住宅区域及未受人类活动干扰的油罐上游地区。事实上高浓度的铬和镍与宏观区域的天然背景有关；

• BTEX 和 PAH 主要位于地面以下 6 ～ 12 m；

• 油罐下方存在自由相物质。

概念模型

主要污染源为储罐和自由相物质，由于泄漏、溢出以及火灾和事故而导致污染物的释放，同时火灾和事故也是油罐上游出现污染的原因。受污染土壤为二次污染源。

修复目标

为了指导场地土壤和地下水修复方案的设计，对住宅和商业两种暴露情景下的受体进行了风险分析。同时也考虑了修复作业过程中对工人的保护。

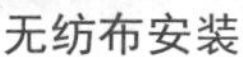

无纺布安装

排水屏障

场地修复后一部分会开发为商业区，一部分用作公园用地（受体按住宅用地考虑）。

选定和采用的修复策略和活动

修复活动包括以下操作步骤：

• 采用排水坑移除并处置储罐下方的自由相物质；

• 拆除油罐及相连的管道，安装加筋土系统，以确保边坡稳定（开始是一个“柏林式”牵拉隔墙，但为了使修复符合城市项目要求，由加筋土系统取代）；

• 挖出油罐下方的土壤，对其进行检测和风险评估，如无健康风险，则可以用作场地回填材料，否则需要场外处置；

• 为了拦截地下水的流动，同时为了将部分管道重新用作排水系统，在油罐下游安装一个长 150 m、宽 0.8 m 的排水屏障，（最初的屏障只是一层隔板，但按照城市项目的管理要求，用排水屏障取代了隔板）；

• 移除管道，清理沟渠；

• 开挖下游沟渠；

• 收集整个区域的地表水；

• 铺砌无建筑或裸露的地面，以阻止雨水渗透；

排水沟

HDPE 土工膜

排水屏障修建

• 在 2 m 深处安装了采用无纺布防护的 HDPE 土工膜，以切断蒸气吸入途径。

等待调查评估结果的同时，建成了一个防渗存储区来处理挖出的土壤，同时采用一个由 14 个压力计组成的检测网对地下水质进行监测。

实现的修复目标

清理工作开始于 2001 年，但由于市区重建项目发生了一些变更，目前修复活动处于暂停状态。

已完成的工作包括：

• 移除了自由相物质；

• 建成了排水沟；

• 建成了一口与排水沟相连的水井并完成与处理厂的连接；

• 在沟渠侧面注入防渗材料；

• 控制清理过程中发现的一些污染热点区域，部分移除污染土壤；

• 挖出和处置 2 500 m^3 受污染土壤；

• 挖出和存储 500 m^3 污染土壤，采用生物处理的方法进行了小规模试验（生物处理），随后对污染土进行了处置。

由于土方工程、边坡支护以及土壤防水相关工作仍在等待市区重建项目的审查结果，所以与绿色区域相关的修复活动尚未开始。

综上所述，可以认为未来商业区域的修复基本上已完成。

管理过程

修复过程中定期进行地下水监测，结果表明地下水符合适用的阈值范围。

至于绿色区域，从新的市区规划获得批准算起，预计清理工作需18个月。

在清理活动结束后，地下水监测系统将继续运行5年。

在清理工作开展之前作为防范措施，油/水处理厂仍在运行，直到市区重建全面完成后才会将其拆除。

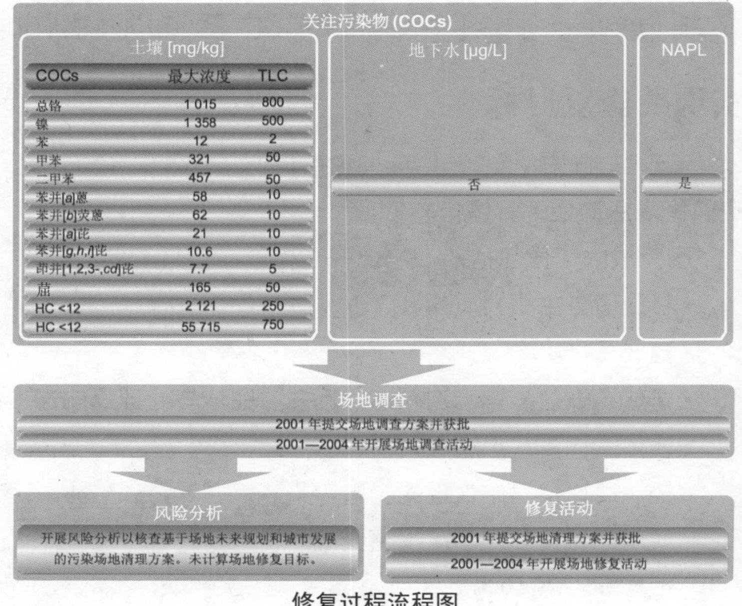

COCs	最大浓度	TLC
总铬	1 015	800
镍	1 358	500
苯	12	2
甲苯	321	50
二甲苯	457	50
苯并[a]蒽	58	10
苯并[b]荧蒽	62	10
苯并[a]芘	21	10
苯并[g,h,i]芘	10.6	10
茚并[1,2,3-,cd]芘	7.7	5
䓛	165	50
HC <12	2 121	250
HC <12	55 715	750

修复过程流程图

9 炼油厂罐区

引言

案例介绍的是 2005—2007 年意大利北部一个用于石油储存和炼制场地的修复情况。

场地因炼油厂与油库间的连接管道破裂导致火灾事故，从而引起了人们的关注。事故发生后，场地被弃置，停止一切生产活动。除了已知的事故外，场地在过去的几年里可能也发生过数起小型泄漏事故，包括石油加工过程中发生的“生理”泄漏。20 世纪 80 年代初工厂停产时，国家相关法规尚不完善，所以没有对场地深层土壤开展调查。后来，场地被列入市区重建规划，初步计划建造一个大型商业建筑。然而，在 2000 年做建筑地基钻探作业时，发现场地土壤存在大范围的石油烃污染。按照当时颁发和生效的环境法律的规定，立即停止土建工程，以进行必要的环境质量调查。随后于 2005—2007 年开展了场地修复活动。

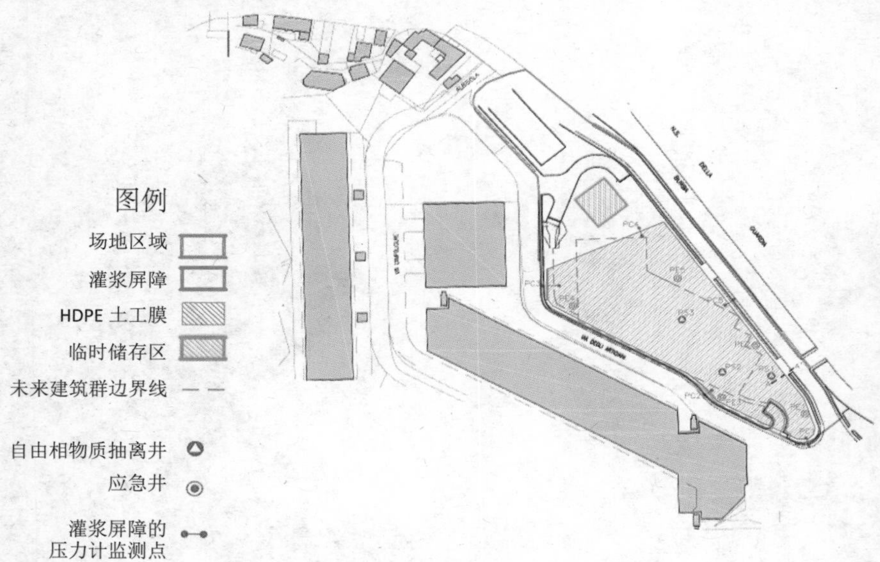

修复干预

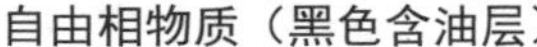

自由相物质（黑色含油层）

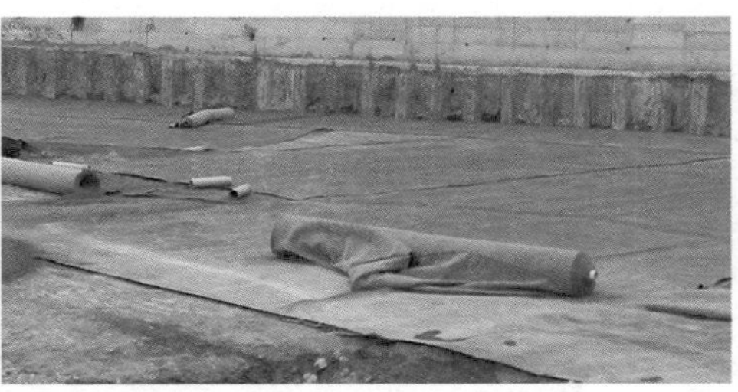

土壤防渗活动

场地特征

场地地势较为平坦，是一个面积约 14 000 m^2 的长形区域，位于一个小山谷底部，在其东部的边界处有一条小溪流过，钻探过程中发现小溪有污染问题。

场地地质特征明显分为三层，主要包括（从地面开始）：

- 回填层，最表面一层，除碎石和砖块外，还包括粉质砂土；
- 冲积层，归类为乱石层，劣砂质土，局部延伸嵌入粉砂层土内；
- 基岩，最上部的表层有裂痕，由页岩、砂岩和石灰岩组成。

上面的两层中有流速稳定的含水层，位于地面以下 4 ～ 5 m 处。

污染特征

按照当时法规要求，在该区域开展了详细的场地调查，采用连续旋转冲击钻钻孔 10 个，安装了平均深度为 20 m 的监测井以调查深层土壤和地下水的质量。

调查结果表明该区域存在总石油烃污染，既有轻质烃（C ≤ 12），也有重质烃（C ＞ 12）。重质烃超标更严重一些，主要位于场地的南侧，北侧没有发现显著污染，受到影响的面积约为 10 000 m^2，污染深度为 2.5 ～ 16 m。

地下水分析结果表明关注污染物的浓度低于阈值水平，且大多低于检测限。然而，也检测到大量自由相物质（NAPL），尤其是在场地下游边界的监测井中。

概念模型

根据以往的工业活动可以推断污染主要来源于装置、油罐和管道的溢油和泄漏。具体而言，当溢出的石油从表层土壤迁移到下面的非承压含水层时，烃类物质的轻组分随着时间的推移聚集在顶部，形成了自由相物质。

地下水位的季节性波动以及重油的迁移造成了土壤的大范围污染。最终估算污染土壤总体积约为 5 万 m^3。

修复目标

场地修复设计既要满足再开发需求，也要与未来建筑规划紧密结合。场地主要修复目标是封存所有受污染土壤并阻隔所有迁移路径，以防止蒸气吸入和土壤淋溶至地下水。

选定和采用的修复策略和活动

为了满足场地修复目标，兼顾场地市区重建项目及相关审批程序，实施了以下修复活动：

• 通过一个能从地下水中分离出油类物质的撇油器来回收和处置轻质自由相物质（LNAPL）；

• 划定了需要移除的污染最重的土层及需要隔离的外延区域范围；

• 挖出建筑物下方受污染土壤（平均深度达地面以下 3 m）。部分土壤运至场地附近的一个已经建好的生物堆中进行处理（3 500 m^3）；

• 安装了一个止水帷幕（采用的特殊喷射灌浆技术能增强椭圆形柱

子之间的作用力），嵌入基岩，绕污染区域一周（平均为 450 m 长和 24 m 深）；

• 在喷射灌浆屏障边界上安装了一个表层防水的 HDPE 土工膜；

• 沿着屏障安装了一个新的监测井系统，用于监测隔离措施的效果。

由于安装了防渗土工膜，建筑设计人员不得不在 HDPE 膜上设计了一个地表地基，而不是深层的地基。HDPE 土工膜被一个 50 cm 厚的盖沙保护。无建筑物的不渗透区部分用未污染的土壤回填。

场地上的人工材料、废金属和建筑垃圾在进行污染土壤处理前先分选并进行了处置。

修复活动总费用为 250 万欧元。

人为材料

废金属与拆建废弃物

挖出的土堆与监测井安装

实现的修复目标

所有工作在 18 个月内完成。修复活动于 2007 年结束。

管理过程

2007—2012 年，对含水层进行了监测（根据意大利环境监管要求，修复后的监测活动至少持续 5 年），以证实污染物没有迁移到场地外。

监测活动证实所采用的修复对策是成功的。

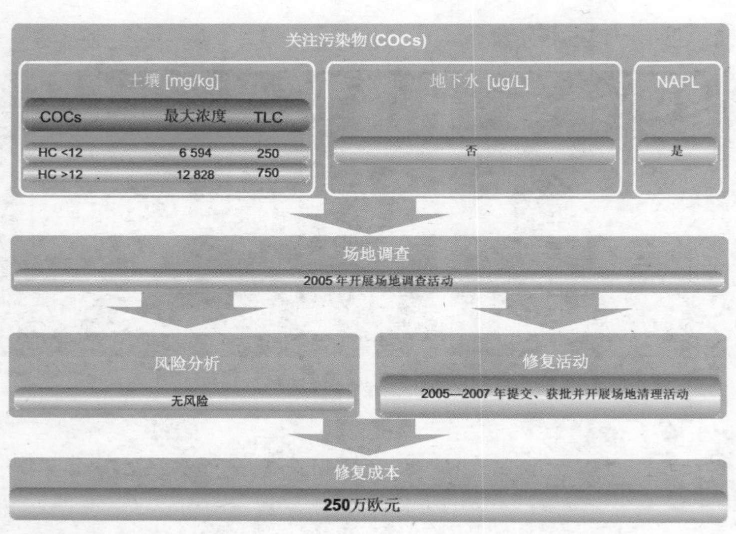

修复过程流程图

10 油库

引言

案例介绍了一个石油、机油和润滑油仓库区的详细场地调查、风险评估和清理修复活动。该仓库位于意大利的一个空军基地内，20 世纪 50 年代开始运营。调查时仓库区内有一个喷气燃料加油设施，装油区和卸油区分别配有两个独立的燃料喷嘴。

油库区共发生过三次 JP-8（喷气推进）燃料泄漏事件，分别发生在 1989 年 5 月、1990 年 10 月及 1991 年 12 月。因此，从 1992—2008 年开展了对该场地的调查工作，以确定土壤和底土的潜在污染情况。场地调查结果表明底土最大污染深度达 25 m，污染物质为石油烃（既包括轻质烃 HC ≤ 12，又包括重质烃 HC ＞ 12），且浓度很高。

综合考虑场地底土污染性质、污染程度及地质特点（主要为渗透性非常好的砂砾石，层间夹有泥沙），地方当局批准了采用原位生物通风（BV）对土壤实施修复的方案。1996 年开始生物通风系统的设计和安装工作，目前设备仍在运行中。为了测量土壤间隙气体的浓度以掌握场地石油烃残留污染的迁移规律，还安装了几个土壤监控探头，监测活动尚未完全结束。

场地特征

场地四周被围起，面积约 18 000 m^2，离场地约 12 km 处有一个小村庄。场地将用于商业 / 工业用途（机场）。

场地位于一个冲积平原内，周边地面总体平坦，北边以几千米外的山脉为界。除通道和北部油罐卡车加油区路面被铺砌之外，其他地方均未铺砌。

场地局部地质特征如下：

- 第一层粗粒层，由 18 ～ 19 m 含砂石和鹅卵石的砾石组成；
- 有一个较为连续的粉砂或细砂层，厚度为 1.0 ～ 1.5 m；

生物通风系统安装

气体探头

• 在最大调查深度，约 70 m 深处发现了另一个含砂石或粉砂的中细砾石组成的粗粒层。在这一层的不同深度发现了粒度较细的粉砂薄层。

场地的冲积扇层内有一个含水层，为非承压水，在约 70 m 的深度。地下水流向为东南偏南方向，水力梯度约为 0.4%，含水层渗透系数估计为 10^{-3} ～ 10^{-1} cm/s。

距场地西北约 80 m 处有一条灌溉渠，是场地附近唯一的地表水。

场地附近有几个地下水监测井，最近的监测井位于场地下坡约 60 m 处（3 口井），另一口井位于场地上坡约 70 m 处。

污染特征

自 20 世纪 50 年代，场地就被用作燃料存储仓库。场地曾发生过燃料溢出事件，主要污染事故如下：

• 1989 年 5 月，燃料存储区发生了表面泄漏，约 4 500 L JP-8 燃料泄漏；

• 1990 年 10 月，发生了第二次表面泄漏， 3 650 L JP-8 燃料从第 30 号油罐计量口泄漏；

• 1991 年 12 月，再次发生了表面泄漏，265 L JP-8 燃料泄漏。

场地共挖出 20 m^3 污染土壤，在一个授权的垃圾填埋场进行了填埋处置。挖出土壤的区域衬垫一层土工膜，采用干净的土壤和砾石层进行了回填。

通过分析调查活动所获数据，并与意大利 152/2006 号法令确定的相关阈值浓度进行比对，结果表明场地主要关注污染物为轻质烃和重质烃。

需要特别说明的是，场地调查持续了很长一段时间（大约 16 年），这是因为场地调查期间，意大利污染场地标准体系及相关调查规范、实验室标准等在不断发展和更新，每次实施一个新的法规或标准时，都要重复调查工作。所有后续活动都经管理部门在定期举行的磋商会议上讨论通过。

概念模型

主要的污染源是 2000 年移除的靠近场地的地下油罐（当时场地不再提供储罐，喷气燃料通过附近一个炼油厂的管路和减压站直接提供），以及在处理石油泄漏事故时未移除的受到影响的深层底土。

调查结果表明，表层土壤（地面以下 0 ～ 1 m）和含水层中石油烃浓度比参考阈值浓度（TLC）低一个数量级，可排除受到污染的可能性。

而一些区域的深层土壤，尤其是在天然防渗能力较强的粉砂层上部污染较重。

污染区域和范围的划定主要依据2001—2008年的调查数据，因为这一时期的调查采用了新的调查方法和分析技术；而以前的数据则作为划定污染土壤体积的一个参考。

采用 PID 测量 HC

污染区域纵向范围的确定，除采用实验室分析结果外，还需参考底土钻探过程中获取的 PID 读数。如果纵向污染范围不能确定，则可以采用一种保守的方法，即取最后一个受到污染的样本与最近的未受污染样本的中间点为受污染底土部分的纵向深度。

现场调查活动

风险分析主要考虑以下暴露途径：

• 吸入室外来自土壤的蒸气（工人和住宅受体）；

• 吸入室内来自土壤的蒸气（工人，仅在一个可能的未来场地用途下）；

• 地下水摄入（场外住宅受体），作为一个保守情境包含在内。

根据确定的场地污染源介质，并考虑当地水文地质特征，选择了以下迁移途径：

• 从土壤挥发到环境空气中；

• 从土壤挥发到密闭空间中；

• 从土壤沥滤到地下水中；

• 地下水迁移。

考虑的人类受体为：

• 进行户外活动的工人（商业 / 工业情境）；

• 进行室内活动的工人（商业 / 工业情境），假设今后建筑物可以位于距离污染源 30 m 的半径范围内；

• 在距离场地大约 200 m 处进行户外活动的居住人群；

• 生活在距场地约 2.4 km 处，使用距场地最近的私人饮用水 / 灌溉水井的居住人群。这一情境是在假设今后污染可能会迁移到含水层这一十分保守的考虑而设定的（在开展场地调查期间并未确定）。

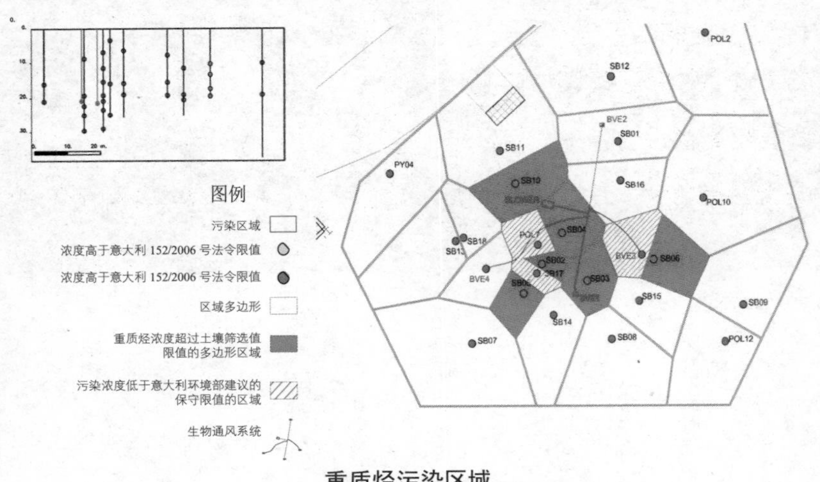

重质烃污染区域

修复目标

确定的关注污染物为轻质烃和重质烃，最高浓度分别为 7 530 mg/kg（TLC 为 250 mg/kg）和 5 170 mg/kg （TLC 为 750 mg/kg）。应当地部门要求，地下水资源也被列入风险评估范围，因此关注污染物的浓度与意大利 152/2006 号法令规定的阈值浓度（TLC）进行了比较。

基于风险分析的方法，针对底土确定了本项目的修复目标。通过计算得到的重要污染物的场地特定目标值（SSTLs）如下：

- 脂肪族烃 C5-C8：358.67 mg/kg；
- 芳香族烃 C9-C10：812.96 mg/kg；
- 脂肪族烃 C9-C12：105.74 mg/kg；
- 脂肪族烃 C9-C18：68.11 mg/kg；
- 芳香族烃 C11-C22：290.18 mg/kg；
- 总烃馏分：1 000 000 mg/kg。

采用的修复策略和活动

基于场地特征，经过可行性分析认为生物通风可能是该场地最有效的修复方法。该技术通过向地下提供氧气促进污染物（轻质、中质、重质石油烃）的生物降解。

主要通过综合评估以下因素来判断生物通风在场地实施的可行性：

- 安装和运营成本；
- 关注污染物经实验室烃类物质分馏分析确定为是可生物降解的；
- 因广泛存在粗砾石，底土渗透性高；
- 所有测试样品中均存在对烃类降解能力强的微生物。

首先安装了一个小试装置，后期转换成了一套全规模的生物降解系统，其中也有一些小规模的抽出 / 注入井装置。

根据前期试验结果，采用 150 ～ 195 m^3/h 的流速进行喷射，厂区影响半径为 25 m。

实现的修复目标

生物通风系统于 1996 年开始运行，可有效去除石油烃中较易挥发的部分。残留的污染物是那些较重、移动性较差的烃馏分，主要吸附于土壤颗粒中，所采用的修复技术对这些馏分处理效果有限。但人类健康风险评估和地下水样品分析结果证实，残留污染物几乎不移动，对人体健康或环境不构成危害。

2008—2009 年测得的土壤气体浓度显示，挥发性石油烃、氧气和二氧化碳的值很低，接近场地上干净土壤中测得的背景浓度值。2002 年以来测得场地石油烃类化合物的浓度（采用相同技术，具有可比性）呈下降趋势。

生物通风系统的安装和启动总费用约 2 万欧元，不包括初步研究和随后的土壤及土壤气体采样活动。运营和维护费用约为每年 8 000 欧元。

维护费用包括工厂安装了一个远程控制系统，通过移动网络向选定运营商传达工厂的运营状况。

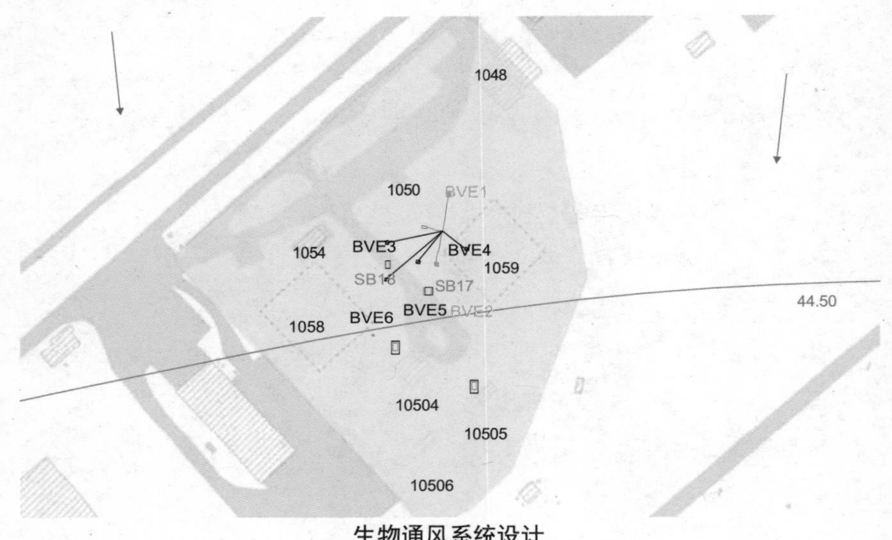

生物通风系统设计

管理过程

以下机构参与了管理工作：

- 场地所有者为一个军事兵团，在发生泄漏事件后，应当地部门的正式要求，该兵团执行行政和技术指导程序完成场地清理。该项目的资金来源于政府为所有军事设施以及专用于执行环保活动提供的预算。这些活动包括在军事基地上要定期开展的环境监测活动，以向当地居民提供军事活动不会造成环境影响的证据。

• 当地主管部门，负责监督和管理清理活动（从场地评估到场地上仍在进行的监测活动）。

• 负责活动执行的一个国际机构和几个当地工程承包商。

项目进展流程详见下图。清理和监测活动尚未完全结束，有待主管当局的最终认证。

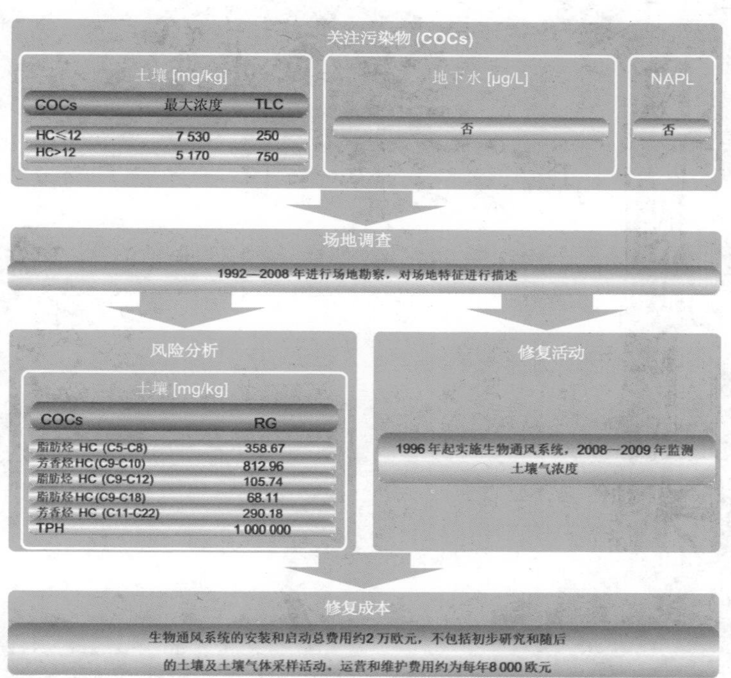

修复过程流程图

11 井喷场地

引言

案例介绍了采用生物修复技术修复位于意大利北部一个油田的情况（该油田位于人口非常密集、高度工业化区域内的一个自然公园内）。这个地方曾发生过重大紧急事故，1994 年 2 月原油井发生过井喷，这是意大利历史上最大的工业事故之一。

场地特征

受影响区域为农业用地，一个多世纪以来用于生产优质稻米作物。

1984 年该区域首次发现石油烃化合物，20 世纪 90 年代后期完成了油田的开发，钻了 20 多口井，油井位于一个天然断裂的白云岩储油层内。

从地层的分布来看，深层土的特征如下（从地面开始）：

• 一个砂质粉土层（薄层，约 50 cm 厚）；

• 一个砂质卵石层；

• 含水层位于砂质卵石层中，因为水稻灌溉而有季节性波动（大约 5m）。人群不使用地下水。

污染特征

由于水稻灌溉坑的渗透作用导致了原油垂直迁移到深层土和地下水中。具体而言，约 12 600 m^3 的轻质原油、1 000 000 m^3 天然气和 1 000 m^3 水排放到环境中。在井喷过程中，大部分挥发性和水溶性烃类化合物发生燃烧和沉降，而其他物质则沉降在 5 km^2 范围内高强度耕作农田上，受盛行风向的影响，主要沉降在关注区域的南部和西南部。

受 TPH 影响的主要污染区域约 96 000 m^2，地下水主要呈厌氧电化学还原性。

很大一部分石油滞留在砂质粉土的浅表层（地面以下 50 cm 以内）。

原油井井喷

概念模型

当地下水位很低时，发生了井喷。

受井喷影响的区域有特别丰富的植被（很多情况下，油井多位于沙漠和海洋中，因此大多数文献中提到石油污染对植被的影响多指的是对水生生物的影响）。

采用常规修复方法（即土壤挖掘和在垃圾填埋场处置、地下水抽出处理等）将会移动大量的土壤、改变土壤的农业特性，与生物修复相比，总体费用更高，环境影响更大。

修复目标

对该场地采取了以下紧急回收石油的措施：

- 封堵油污区域防止石油扩散；
- 采用泵出和真空抽提车回收了 9 350 m^3 残留自由相物质；
- 清理灌溉管网；
- 清理城镇。

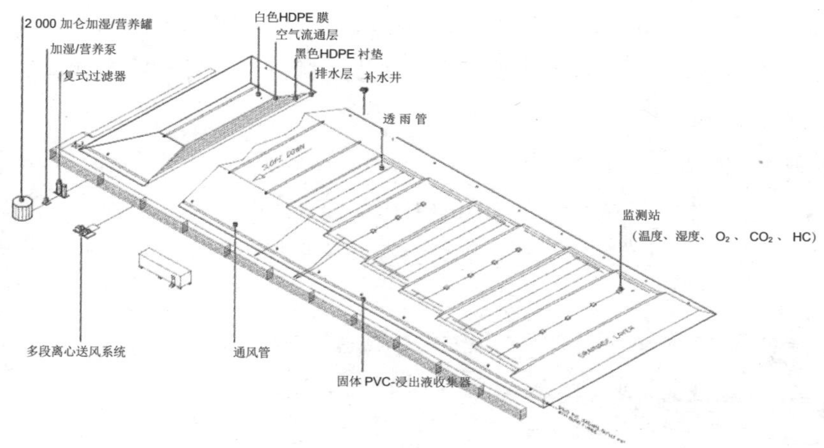

同时，开展了环境监测计划和将场地恢复为农业用途的修复项目。

主管部门和农民协会要求修复受到影响的表层土壤时，不要改变其农业和生物特性。因此选择了原位生物修复来清理表层土壤，并采用其他技术修复以下区域的深层土壤：

- 包气带；
- 漂浮在地下水面上的 TPH 自由相；
- 进入地下水的 TPH 溶解相。

选定和采用的修复策略与活动

根据表层土壤（地面以下 50 cm 以内）中测定的 TPH 浓度，划分了三个不同的区分别进行修复：

区域 1（蓝色部分）：面积 700 hm^2，TPH 浓度不超过 50 ppm；修复技术为衰减监测（即进行常规农业生产，可收割，也可不收割）。

区域 2（绿色部分）：面积 480 hm^2，TPH 浓度在 50 ～ 10 000 ppm。修复技术为土地翻耕，重复频率取决于污染程度。

区域 3（红色部分）：面积 40 hm^2，TPH 浓度超过 10 000 ppm。在这种情况下，修复策略为高强度的土地耕作。在污染最重的区域（面积约 13 hm^2），采用土壤挖掘和异位生物堆处理。处理了大约 27 000 m^3 受污染的未板结土壤，并添加了 20% 体积的膨松剂。另一方面，修建了两个类似的生物堆（尺寸为 50 m×150 m×3 m）；各个生物堆安装了 132 个内部监测位点并在约 100 个不同深度土壤采样位置进行了采样。

图例

区域 1（蓝色部分）
面积 700 hm^2

TPH < 50 ppm
监测，正常的农事操作或收割

区域 2（绿色部分）
面积 480 hm^2

TPH 50 ～ 10 000 ppm
土地翻耕，重复频率取决于污染程度

区域 3（红色部分）
面积 40 hm^2

TPH > 10 000 ppm
高强度土地耕作，在污染最重区域（13 hm^2）采用土壤挖掘和异位生物堆技术

修复区

每个季度均会收集土壤样本，送至实验室进行分析；每月均会进行土壤气呼吸测试。必要时，会增加空气、水、养分和温度等测试项目。

针对 12.5 hm^2 的受污染包气带亚表层土壤，设计了全规模的空气注入处理系统，处理深度为 12.5 m。测量了空气注入可影响的范围（半径）、施加气压与流量的关系，以及原位生物降解速率。全规模系统包括 26 个 4 英寸口径空气注入井、5 个抽气站、管道以及在整个生物通风区间隔布置的 36 个原位土壤蒸气监测群。

利用真空强化回收系统和生物漱洗（Bioslurping）（必要时）对浮在水面上的烃类化合物（PSHs）进行相分离处理。调查发现 PSHs 在水位最低时期（11 月至翌年 3 月）漂浮在水面上，初步估计约有 400 m^3。通过开展中试对几种石油回收方案（撇油、真空强化抽提和生物漱洗）进行了评估，最终确定采用真空强化回收方案并进行了系统建设。该系统占地 3 hm^2，包括 1 个真空泵源和 6 个配有井下泵的抽提井。系统仅在水位最低、PSHs 可回收时段运行，必要时使用移动设备（生物漱洗装置）。

通过监控自然衰减了解了溶解相 TPH 的情况，发现了 PSHs 扩散形成的溶解相烃类物质污染羽。在整个关注区域设计并建造了压力计地下水监测网，通过对关注污染物进行采样和分析实现了对污染区自行生物修复的监测。

中试系统

实现的修复目标

经过 4 年的综合生物修复，受污染区域得到了恢复。经过风险分析并与管理部门协商后，对该区域实行了解禁。

1994 年 9 月开始土地翻耕处理，总处理面积为 1 200 hm^2。到 1995 年 1 月，93% 的土地恢复农业生产；到 1998 年 1 月，有 1 175 hm^2 土地恢复了最初用途，即最初受污染土壤面积中有 98% 得以修复，烃类化合物的浓度从大于 10 000 mg/kg 大幅降低至约 50 mg/kg。

生物堆修建于 1995 年 11 月，当时土壤中的总石油烃初始平均浓度为 20 000 mg/kg。18 个月后，土壤中残留的烃类物质含量约为最初浓度的 5%。同时也观察到 2 环到 4 环 PAHs 总量显著降低。管理部门同意将处理过的土壤进行原地回填。

1995 年 11 月启动生物通风时，整个区域均处于厌氧状态（氧气不足 5%），最初的平均生物降解速率约为 5mg/（kg·d）。在注入空气两周内，氧气浓度提高到 10% ～ 20%，1996 年到 1997 年间生物降解速率随时间推移迅速增加到高达 80mg/（kg·d）。降解速率的提高可能是因为强化了微生物的适应性，同时也产生了新的微生物。对氧气的需求量因生物堆亚表层内原油分布不均而显著不同。经过 3 年的生物通风处理后，受影响区域减少了 30%。目前，该区域已完全修复。

对于污染物自然衰减状况，进行了为期 2 年的持续监测，监测周期为每月一次，监测项目包括溶解氧、硝酸盐、硫酸盐、铁、甲烷、碱度、氧化还原电位、pH 和电导率。

管理过程

制订了一套监测计划以监控场地恢复状况。具体而言，包括 220 个土壤采样点，27 个地表水监测采样点，以及 30 个地下水监测采样点。

为了控制污染对生态环境的影响，安装了 8 个大气采样点每年 2 次进行空气监测。

针对生物堆修复技术，采用了一个连续的自动化数据管理过程；而对于生物通风系统，除了定期进行原位呼吸测试外，还进行了蒸气监测（O_2、CO_2 和 VHC）。

在自然衰减监测过程中，发现溶解相烃类化合物污染羽分布与某些特定参数有很好的关联性。在地下水顺坡度前方的前哨井中没有检测到溶解相烃类物质的污染羽。溶解相烃类化合物的污染羽显然是稳定的，没有发生扩散，被自然的好氧和厌氧细菌降解控制住了。

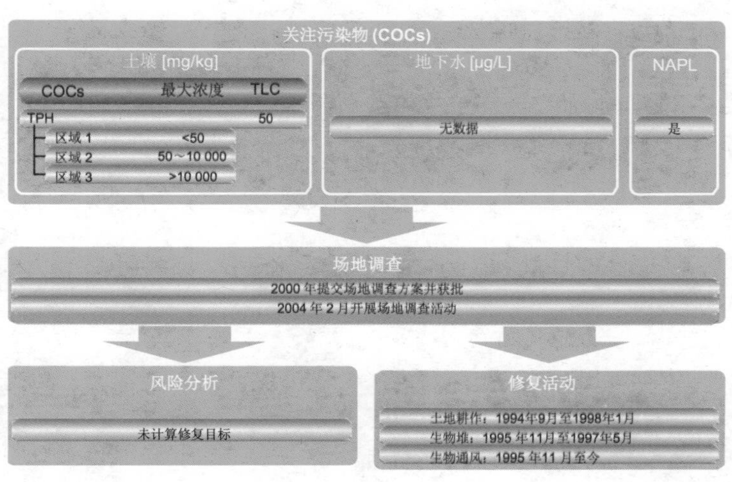

修复过程流程图

12 管道溢油场地

引言

案例场地位于意大利北部，是一个提供汽车燃油的物流社区。由于石油管道断裂，石油产品发生了泄漏。

场地特征

事故发生地位于一个陡坡上，海拔约 400 m，左侧是一条小河，表层污染物随径流汇聚于河流。

泄漏发生在一个村庄的中部，即所谓的绿色区域或住宅区域的地方。

污染特征

如前所述，污染与石油产品相关，同时在土壤中还发现了自由相物质。

概念模型

石油管道破裂后，公司所有者首先开展了安全和应急活动，随后立即启动了地下水和土壤的环境调查。通过对石油管道的多次评估，发现污染源位于一个直径 12 英寸的废弃管道内。管道内仍残留有石油。随后在主污染源下游发现了另两个较小的污染源。

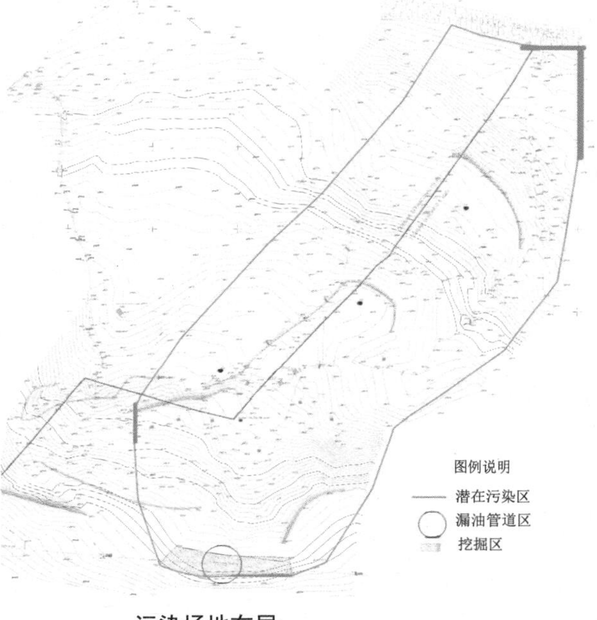

污染场地布局

开挖至破裂管道

捕获屏障

泄漏发生在一个几乎不透水的土层内，因此污染移动性差。然而由于细土壤颗粒的存在，加之岩石基底崩裂，使本来的不透水层间存在透水性较强的土层，导致地下水的流动性增强，使得污染向下游扩散。

调查表明地下水的污染更加严重，土壤由于渗透性差，故污染很少。同时由于采取应急安全措施及时迅速，使地表水免受污染。

以非常谨慎和保守的方式划定污染羽流，实际受到污染的区域仅 15 m 宽，40 m 长，总面积为 600 m^2，仅限于污染物泄漏点的下游区域。这种结果主要得益于极高黏性的土壤结构。

修复目标

第一步应急安全措施的目的是去除污染源，即杜绝了进一步可能的污染扩散。随后又采取了其他修复干预措施以消除污染，使场地各项关注污染物符合国家法规确定的浓度限值。

选定和采用的修复策略和行动

值得指出的是事故发生时，整个受污染及邻近区域被大雪覆盖，使场地每一项修复活动变得更加复杂。但不管怎样，为了找到污染源，立即开展了场地调查活动。在检查监控数据过程中，未发现压力降，故断定作业中的石油管道不可能发生泄漏，即排除了作业中石油管道为潜在污染源的可能性。

污染源一经确定，立即开挖，一直挖掘到管道破裂处，发现了泄漏点，并在两天内修补好漏洞。为避免石油管道负载过高，开挖区域只部分回填。管道填埋前，分别从沟渠底部、沟渠下游以及回填土中采集了三个土壤样本，提交实验室进行化学分析。

通过化学一物理分析手段，证实了土壤和水（地表水和地下水）中存在轻质烃和重质烃、BTEX 和 PAH。土壤分析结果符合意大利法规确定的住宅和绿色区域指导限值。仅部分样本中有自由相物质存在，需要移除。

从污染源影响到主干流开始，对小河进行了定期水样采集。测试结果表明只在污染源旁边的区域发现了污染。

同时还采取了一些应急措施，以避免污染在环境介质中扩散，并确保环境和人类健康。对土壤采取的干预活动如下：

- 挖出污染土壤，并转移到一个获得资质的垃圾填埋场处置；
- 开挖地面一直挖到污染层，土壤挖出后，筛选符合阈值水平的清洁土壤进行回填；
- 从上游开始一直到下游沿着泄漏方向撇除浮油；
- 对开挖区域底部土壤进行系统监测以确保符合相关阈值；

防渗“大袋”

石油污染证据

• 使用符合污染限值的土壤回填开挖区域（回填活动与开挖边坡的水文调查活动同时进行）；

• 建设排水和加固系统，例如在开挖区域内植树，以防止像过去一样发生山体滑坡。

另一方面，为了避免污染源下游的污染在地表扩散，进行了小规模的人工开挖干预活动。

将挖出的材料装在用来收集污染土壤的防渗“大袋”内。

沿着小河道布置了 6 个由吸附材料制成的捕获屏障。在污染汇聚的地方，布置了 2 个穿过小河流的吸附围栏。最后，在更下游的地方，布置了另一个警戒性捕获屏障。

实现的修复目标

修复活动确保彻底消除污染，恢复到意大利法规确定的污染限值以下。

总修复费用超过 20 万欧元。

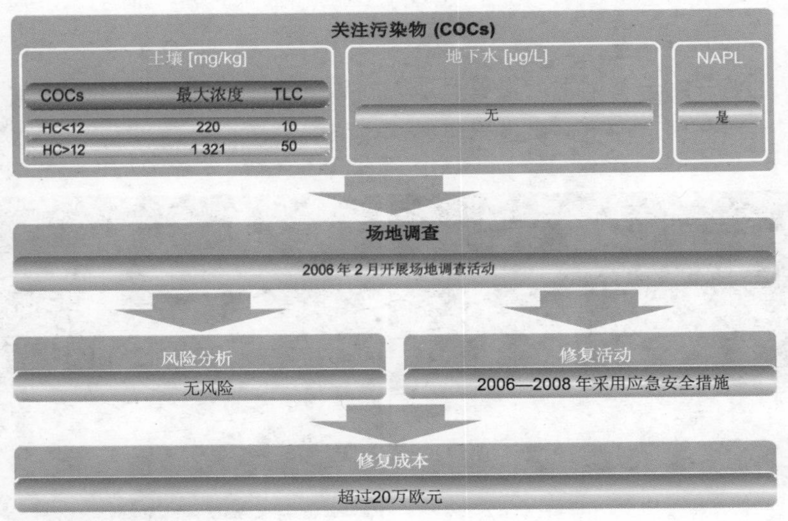

修复过程流程图

13 石油管道泄漏

引言

案例介绍了意大利北部一条石油管道泄漏事故的修复活动。2012年6月，在泵送石油过程中，沿现存工业园区内河床发生了泄漏事故。

场地特征

泄漏事故发生在河岸右侧河床下方约2.5 m处，距河流入海口上游7 km。

污染特征

石油通过管道从港口输送到油库，作业过程中管道发生意外破裂，导致石油泄漏到地面并进入河流地表水约40 m长（因事故发生在夏季，部分河床干涸，河水流速低，故进入地表水较少），泄漏到河内40～45 m^3。对事故周围土壤中的总石油烃和多环芳烃进行了检测。

概念模型

按照意大利环境法规，事故发生后几个小时内实施了应急安全措施，避免污染进一步扩散。

修复目标

实施应急安全措施的目的是阻止石油流入河中，而清理的目的是在整个区域范围内移除因污染水外流影响到的表层土壤，包括潜在的污染土壤及直接遭受泄漏污染的土壤。

选定和采用的修复策略和活动

在泄漏点上游通过土坝对河流进行了分流，以保护地表水水质并确保在干燥条件下进行管道作业。

管道周围的开挖

人工沉淀池

海上浮动屏障

用于收集溢油的浮动围栏

在河口附近安置了一些捕油系统，包括围油栏及近海浮动屏障。另外，通过抽水泵保持开挖基坑内的干燥环境。

采用事故上游的干净土壤在干涸河床上修建了三个人工沉淀和 API 池。抽出的水送至此处，进行物理处理，然后再排放到河流中。

挖出泄漏点周围沿管道约 10 m 长范围的土壤，经处理后回填。

另外，还建造了一个具防渗功能的潜在污染土临时存储区，以防止干净土和潜在污染土的接触。潜在污染土堆放于此等待分析检测和处理处置。

在实施安全措施过程中，曾两次监测位于场地下游的监测井。

当所有规定的修复措施完成后，拆除了浮动屏障。采集并测试土壤和水的样本，结果表明土壤、地下水和地表水样品总体符合相应阈值水平，因而不需要采取进一步修复措施。

实现的修复目标

挖出的受污染土壤归类为危险废弃物，在相应的特殊填埋场中进行处置。而在修复阶段归类为非危险废物的土壤则在一般废物填埋场填埋。修复活动中产生的液体废物也归类为危险废弃物，并做相应管理。

修复总费用 500 万欧元。

管理过程

安全干预措施持续了 30 天，另外用了 1 个月的时间处置挖出的土壤、拆毁并回填 API 池及河堤围坝。

全部工程于 2012 年 8 月结束。

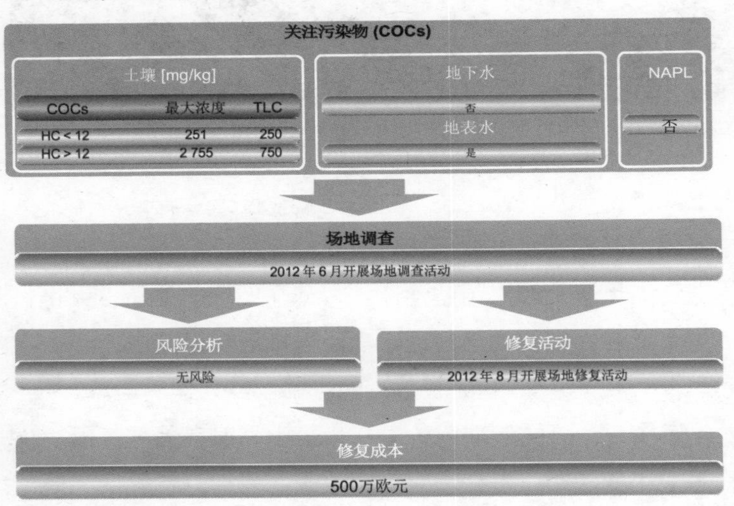

修复过程流程图

14 炼油厂

引言

案例介绍了一个正在运营的炼油厂场地调查及修复可行性方案制定的过程。该炼油厂位于东欧的一个工业园区内，生产燃料、溶剂、沥青和工业原料，产品主要用于石化行业。

场地调查范围除了主生产厂房外，还包括一条长约 2 km、宽 75 m 的工业运河。该运河建于 20 世纪 60 年代初期，用于收集整个工业园区排放的废水，并与一条大河直接相连。

在最近发生的一次冲突中，炼油厂的许多储罐和管道被炸，造成大约 5 000 t 油类化合物和溶剂泄漏进入土壤和地下水，并通过雨水和污水收集系统进入工业运河。

鉴于炼油厂面积很大（超过 1.5 km^2），本项目选择了厂区一个较为关键的区域作为修复调查试验区，并建立了一个较大尺度的水文地质模型，以了解地下水的主要流向以及污染物的迁移转化规律。由于工业运河受到了碳氢化合物、氯代有机溶剂和 PVC 的严重影响，因此除炼油厂底土和地下水外，工业运河中的沉积物也在修复之列。

经过实验室模拟试验以及水动力和地形动力学研究，制定了最适宜的修复技术方案。

场地特征

该区域地层结构以冲积沙和砾石沉积物（深层含水层）为主，上面覆盖一层主要由粉土和黏土组成的低渗透层，再上方是浅层含水层。

地下水受相邻河流及河流自身季节性波动的影响严重。具体而言，发现了两个具有不同水动力条件的主含水层：

工业园区图

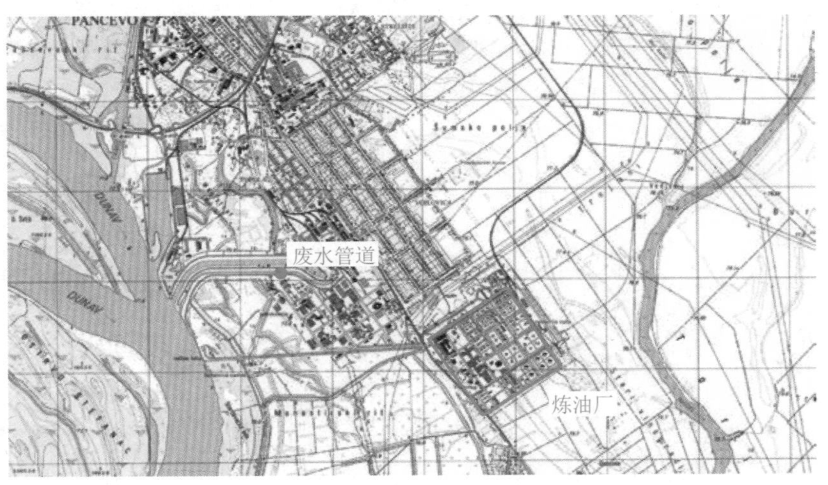

炼油厂和污水运河位置

• 一个深层含水层，处于高渗透性砂石和砾石层中，从地下 8 ～ 10 m 开始，厚度约 50 m；

• 一个浅层含水层，正好位于黏土层之上，主要由砂石组成，厚度为 2 ～ 10 m，最浅水位靠近运河，位于地下 1 ～ 2 m 处。

主要的地下水流向是西南偏南，流向河流。

污染特征

项目的第一阶段，在炼油厂内划定的重点关注区域及沿工业运河开展了初步场地调查工作，包括钻孔、土壤取样和实验室测试。

初步调查的目的一是在炼油厂内选定中试试验区域（炼油厂火炬系统和 API 油水分离器之间的区域），二是明确运河的污染特征为修复技术的选择提供必要的信息。

随后通过第二阶段的详细调查，对相关污染物在炼油厂内和运河内的迁移特征有了深入了解。该阶段主要借助以下两个模型来完成：一个是旨在模拟主要相关污染物在地下水中运移的大型（25 km×25 km）水文地质模型；一个用来评估后续修复效果的运河沉积物水力和地形动力模型。

炼油厂

确定的场地主要关注污染物为石油烃类化合物和重金属。具体而言，土壤中的关注污染物为：

• 苯，最大浓度为 39.0 mg/kg（阈值浓度，简称 TLC，为 2 mg/kg）；

• C ＞ 12 的 TPH，最大浓度约为 1 900 mg/kg（TLC 为 750 mg/kg）。

地下水中确定的关注污染物为：

• 重金属，尤其是砷（最大浓度为 250 μg/L，TLC 为 10 μg/L），镍（浓度高达 23 μg/L，TLC 为 20 μg/L）和铅（浓度高达 35 μg/L，TLC 为 10 μg/L）；

• BTEX，包括苯（浓度高达 1 300 μg/L，TLC 为 1 μg/L），乙苯（浓度高达 80 μg/L，TLC 为 50 μg/L）和二甲苯（浓度达 480 μg/L，TLC 为 10 μg/L）；

• TPH（C ≤ 12），所有地下水样本中均有检出，最大浓度为 11 000 μg/L；TPH（C ＞ 12）浓度为 37 000 μg/L（以正己烷表示的总

TPH 的 TLC 为 350 μg/L）。

需要强调的是，在项目实施时意大利尚未实行有关土壤和地下水的具体法规，故在获得项目利益相关方同意后，所有分析结果与意大利污染场地法规（第 152/06 号法令）设定的 TLC 进行了比较。

运河

调查发现运河沉积物受到了高浓度 TPH（C ＞ 12）（高达 120 000 mg/kg）、苯（高达 110 mg/kg）、甲苯（高达 130 mg/kg）、二甲苯（高达 160 mg/kg）、乙苯（高达 74 mg/kg）和汞（高达 380 mg/kg）的影响。

同时在所有采集的沉积物样本中均检出了聚氯乙烯（PVC），其在干沉积物中的浓度为 0.5% ～ 5.4%。

概念模型

炼油厂

第一阶段和第二阶段场地调查证实了中试试验区域内存在碳氢化合物污染的现象。土壤的纵向污染范围主要在地面下 2 ～ 3.3 m。浅层含水层中碳氢化合物和 BTEX 的污染主要源于土壤的淋滤作用或直接来自罐体的泄漏。

TPH（C ＞ 12）污染趋势

运河排放图

借助一个大尺度（围绕工业园区的 25 km×25 km）的含水层水文地质模型模拟了污染物潜在的运移状况。具体而言，通过工业园区周边 43 口监测井的水文数据建立了园区地下水模型。采用 MODFLOW 地下水模型软件以双相处理模式分析数据，确定场地污染情况如下：

• 顺梯度监测井中苯、乙苯和总二甲苯浓度呈总体上升趋势；

• 反梯度监测井中，总石油烃浓度呈略微增加趋势。

由此推断场地可能存在多个污染源。

风险分析中考虑的受体主要包括：

• 现场工作人员以及建筑工人；

• 场外住宅受体，指假定场外居民饮用井水而存在的潜在暴露风险。需强调的是，选定的顺梯度暴露点距离中试试验区约 300 m。

考虑的暴露途径如下：

• 土壤摄入 / 皮肤接触：适用于现场工人；

• 地下水摄入：炼油厂内没有供水井，因此现场受体不考虑这一途径。假设如前所述，影响受体的水井位于场地下游大约 300 m 处，则仅考虑污染土壤淋滤到地下水的途径；

• 室外挥发，适用于场内和场外受体。

运河

泄漏事故期间排放的大量污水及工业园区内持续排放的废水是运河的主要污染源。在正常工作条件下，每天共有约 41 500 m^3 废水排入运河。

运河中受污染的介质为运河河床底泥沉积物及由河床沉积物渗透污染的子沉积层，包含了浅层含水层。

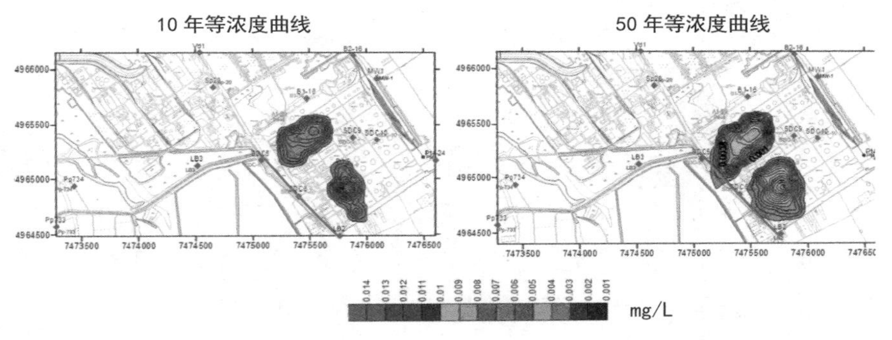

TPH（C > 12）污染趋势

为了解运河的水动力特性以及验证悬浮沉积物被输运至河流中的可能性，建立了一个水动力和地形动力模型。

最后确定的污染沉积物总体积约为 82 000 m^3。

修复目标

对炼油厂场地确定的关注污染物进行风险分析，计算得到基于风险的修复目标如下：

• 对于底土而言：HC ≤ 12：6 900 mg/kg；HC > 12：1 400 mg/kg；苯：0.57 mg/kg；乙苯：3 300 mg/kg；二甲苯：63 000 mg/kg；砷：0.4 mg/kg；镍：12 000 mg/kg；苯并 [*a*] 芘：0.1 mg/ kg；

• 对于浅层地下水而言：HC ≤ 12：89 000 μg/L；苯：36 μg/L；乙

苯：4 400 μg/L；二甲苯：198 000 μg/L；砷：0.64 μg/L；镍：8 900 μg/L；苯并 [*a*] 芘：0.14 μg/L。

运河沉积物以商业 / 工业场地土壤设置的 TLC 作为参考。

选定的修复方案和策略

炼油厂

根据特定场地特征，综合考虑场地调查及特定场地风险分析的结果，确定场地修复对象主要为浅层含水层。

借助修复筛选矩阵，建议将生物化学一物理处理及强化生物通风（并用 ORC® 屏障）联合修复技术用于试点场地的修复。系统通过添加土著微生物及额外供氧加速石油烃的降解。

具体而言，设计了两道屏障，第一道屏障由 27 个注入点组成；第二个屏障位于第一个屏障下游，由 15 个注入点组成。

ORC 屏障的总费用，包括一年的监测费用约为 18.5 万欧元。

运河

整条运河沉积物的主要关注污染物为石油烃，考虑采用以下修复方案：

• 异位热脱附：由于 PVC 和汞等污染物的存在，这一方案会存在一些问题。对沉积物进行了一些特定测试，对测试结果进行了分析（假设处理 105 800 t 沉积物）。分析结果表明该方案成本较高，且将沉积物从场地跨境运输到另一个处理厂区也会增加额外成本，估计此方案相关费用在 4 125 万～4 655 万欧元，因此最终认为热脱附方案是不可行的。

• 原位采用盖封和水力截留对沉积物进行封固和隔离：该方案不需挖出沉积物从而减少了挖掘运输费用，并防止了二次污染，最终认为这一方案经济可行，估计相关的费用约为 390 万欧元。

管理过程

管理过程涉及以下利益相关方：

• 意大利环境、领土与海洋部和当地地方环境与领土部在国际合作组织框架下共同资助了该项目，对选定工业区域实施了修复和重新评估，促进了环境保护的可持续发展；

• 炼油厂所有者，该项目的受益人提供了概念性的修复设计方案和相关费用评估，以用于后续项目融资；

• 地方当局，参与审查可行性研究，选择修复方案，并验证了所选择修复方案的可行性。

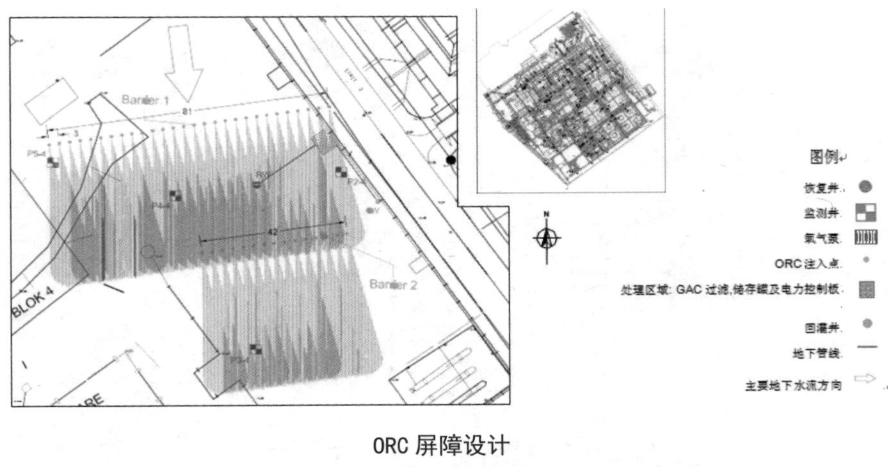

ORC 屏障设计

项目完成了包括场地调查、概念模型建立、修复方案选择、方案设计制定等内容。

修复过程流程图

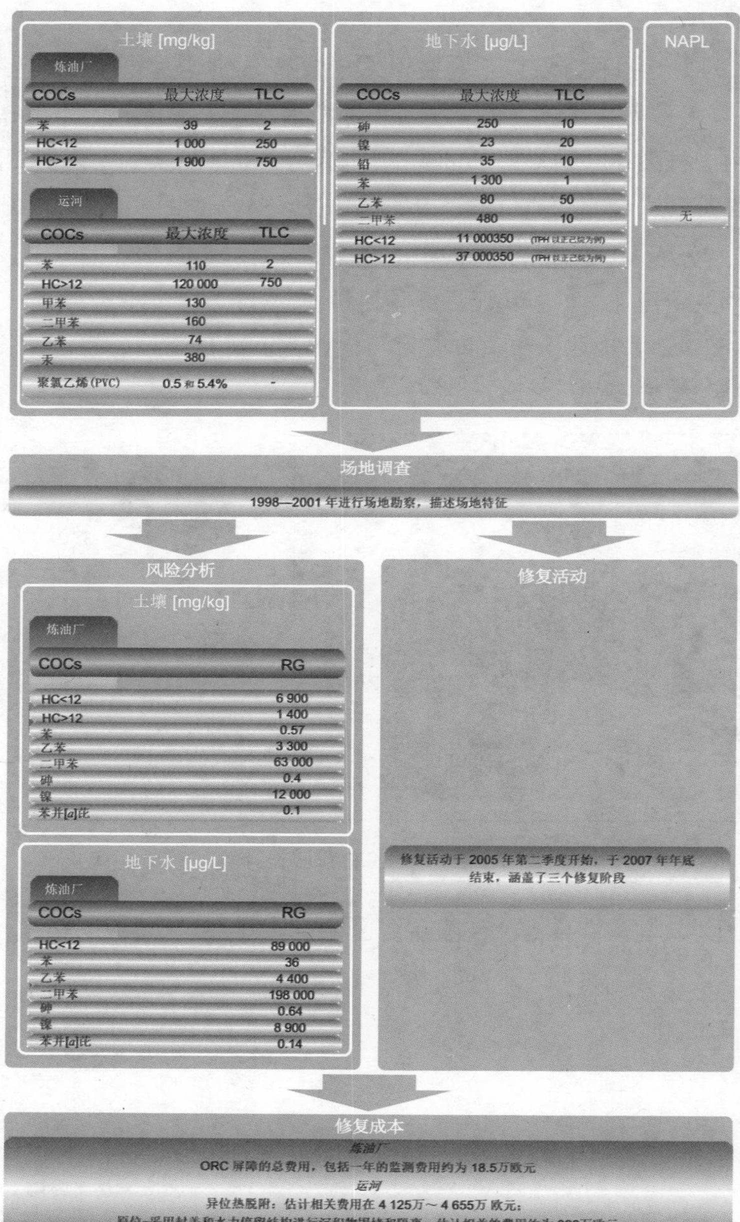
土壤 [mg/kg]
炼油厂
COCs 最大浓度 TLC
苯 39 2
HC<12 1 000 250
HC>12 1 900 750
运河
COCs 最大浓度 TLC
苯 110 2
HC>12 120 000 750
甲苯 130
二甲苯 160
乙苯 74
汞 380
聚氯乙烯(PVC) 0.5 和 5.4% -
地下水 [μg/L]
COCs 最大浓度 TLC
砷 250 10
镍 23 20
铅 35 10
苯 1 300 1
乙苯 80 50
二甲苯 480 10
HC<12 11 000350 (TPH 以正己烷为例)
HC>12 37 000350 (TPH 以正己烷为例)
NAPL
无
场地调查
1998—2001 年进行场地勘察，描述场地特征
风险分析
土壤 [mg/kg]
炼油厂
COCs RG
HC<12 6 900
HC>12 1 400
苯 0.57
乙苯 3 300
二甲苯 63 000
砷 0.4
镍 12 000
苯并[a]芘 0.1
地下水 [μg/L]
炼油厂
COCs RG
HC<12 89 000
苯 36
乙苯 4 400
二甲苯 198 000
砷 0.64
镍 8 900
苯并[a]芘 0.14
修复活动
修复活动于 2005 年第二季度开始，于 2007 年年底结束，涵盖了三个修复阶段
修复成本
炼油厂
ORC 屏障的总费用，包括一年的监测费用约为 18.5万欧元
运河
异位热脱附：估计相关费用在 4 125万～4 655万 欧元；
原位-采用封盖和水力停留结构进行沉积物围堵和隔离：估计相关的费用约为 390万欧元

15 金属加工液生产厂

引言

案例介绍了意大利西北部一个仍在运营工厂的修复情况。工厂自 1973 年起生产制冷剂、润滑剂和机械用液压液体。工业生产之前这片区域是大片的湿地。修复后的场地将用于新工厂的建设。

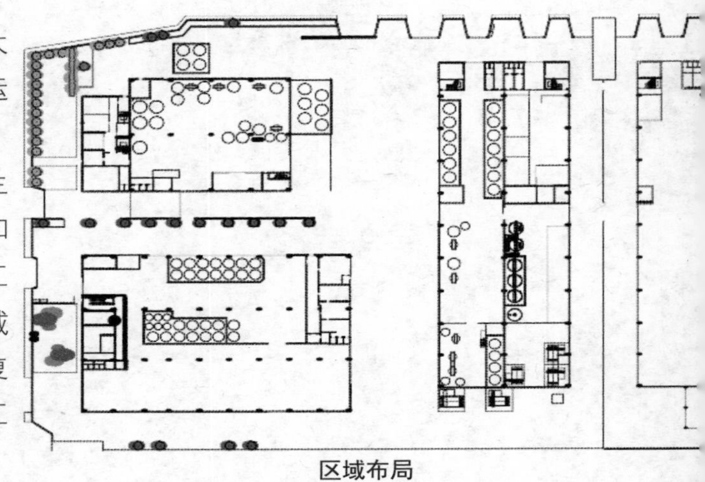

区域布局

场地特征

厂房地处平地，海拔约 200 m。地质特征如下：

- 第一层为回填层，约 1 m 厚；
- 第二层砂质粉土与粉质砂土交替出现，约 6 m 厚；
- 第三层为冲积层，由砂石组成，浅层含水层位于该层；
- 第四层为不连续的黏质粉土透镜体；
- 最下层为粉砂，深层含水层（局部与浅层地下水不相通）位于该层。

场地附近有一城市住宅区。

场地面积约 6 000 m^2，形状为矩形，除北侧草地外，遮棚和外部区域均被铺砌。

场地内有三座建筑物，其中两座位于北部区域，面积分别为 1 200 m^2 和 1 000 m^2，用于生产和存储作业；另一座位于南部区域，面积为 2 000 m^2，主要为实验室和技术办公室，另有一个生产装置。

污染特征

2005 年针对场地开展了一系列环境调查，以评估工业活动对底土和地下水质的影响。调查采样布点情况如下：

- 31 个土孔，钻孔深达 10 m；
- 5 个浅井，深 9 m；
- 5 个深井，深 33 m；
- 11 个 2 m 深的探坑。

场地调查认定的主要潜在污染源为：

- 6 个地下储罐，主要用于储存石油和油类等原材料；
- 10 个地上储罐，用于储存作为添加剂的润滑油；
- 北部厂区内的 30 个储罐；
- 搅拌器。

调查结果表明，所有点位土壤的检出物，包括金属、多环芳烃（PAHs）、总石油烃（TPH）、苯系物（苯、甲苯、乙苯和二甲苯，BTEX），除 TPH 外均符合意大利环境法规定的阈值水平。

根据调查结果估算约 4 000 m^3 土壤受到污染，同时认定这些土壤也是特定场地风险分析的污染源。

地下水分析结果显示除铁、锰、氯化物外，其他化合物（金属、PAHs、TPH、BTEX）均符合阈值水平。铁、锰和氯化物在表层和深层监测井中均有超标现象。

概念模型

就土壤中的 TPH 以及地下水中的氯化物对场地室内和室外受体（工人）通过蒸气吸入途径的风险进行了分析。

除草地外（未监测到污染迹象），所有区域均被铺砌，且地下水不作为饮用水和灌溉水，因此不考虑土壤和地下水的直接接触途径。

需要强调的是，当地所有工业和城市区域的地下水中均存在相同数量级浓度水平的氯化物。由于场地工业活动中从未使用过氯化物，因此，可以认定该场地氯化物受区域的人为活动影响，与场地生产活动无关。

铺砌

风险分析结果表明，场地上检测到的污染物浓度远低于其最大允许浓度。在此基础上，假设能够避免直接接触（由于铺砌地面），则场地可被认为未受污染，不需要采取进一步措施。

修复目标

根据风险分析结果，结合考虑场地地下水水质，得出结论为：虽然场地不需要修复干预，但必须保持场地的铺砌质量。另外，需要对地下水水质进行监测。

选定和采用的修复策略和活动

对场地已有铺砌地面的维护可以避免人群与土壤的直接接触，同时可防止雨水下渗及土壤污染物淋溶至地下水，这是保障场地安全的关键举措。

出于这一考虑，场地采用混凝土或沥青铺砌，同时，及时鉴别并修补地面裂纹或裂逢。

对地下水实施监测，检测蒸气吸入途径的氯化物浓度是否达标，以便确定是否需要对地下水进行长期监测。

实现的修复目标

如今，场地内定期开展铺砌地面维护和地下水的监测工作。

管理过程

场地目前仍在使用。检测结果表明场地未受污染。

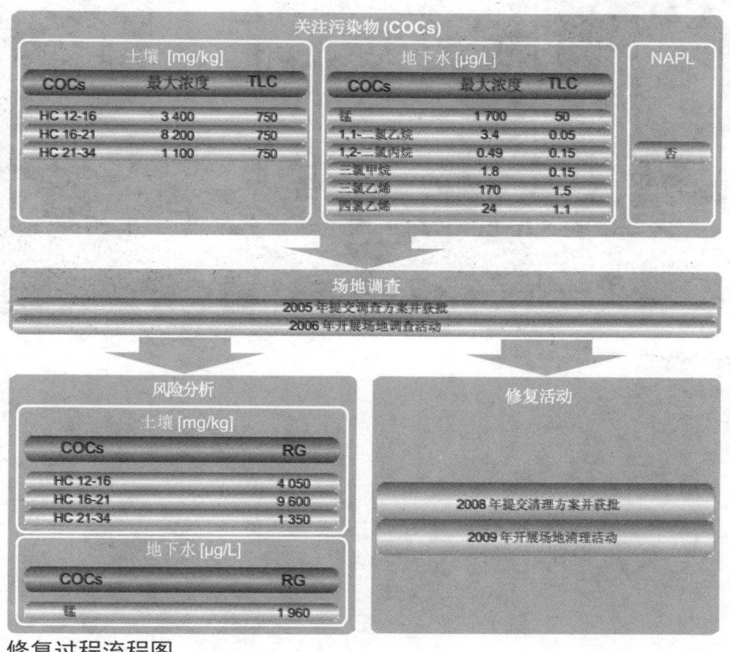

修复过程流程图

16 加油站

引言

案例介绍了意大利北部一个加油站区域的修复情况。加油站位于一片住宅楼附近，住宅楼地下一层（地下室）与加油站地下储罐相邻。

场地特征

场地靠近一个小村庄，位于冲积区的一块平地上。该冲积区从地面开始由回填层、砾石和卵石（含砂石和粉土）、基岩组成，总面积为 280 m^2。

污染特征

居住在加油站周边的居民出现了系列健康问题，之后发现住宅楼地下室内充满了苯蒸气，进而发现了因地下储罐泄漏造成的土壤污染。

区域位置

概念模型

因地下储罐破裂，TPH 和苯泄漏并扩散到周围土壤中。土壤中饱和的苯蒸气挥发迁移到周围住宅楼地下室中。

修复目标

修复场地的目的是保证居住在加油站周边居民的健康。项目通过了公共部门的审批。

钢筋混凝土墙

恢复为公共用途

项目获批后，加油站立即被弃用。场地于 2002 年启动了修复干预活动。

选定和采用的修复活动

清除地面以下 1 m 以内的污染土壤，建造了一个新的钢筋混凝土竖墙，并安装一个生物通风系统对受到污染的深层土壤进行修复。

疏散了附近居民，启动了第一阶段修复活动，包括挖出和清除受污染地表土壤和地下储罐，启动生物通风系统，并阻断了土壤蒸气扩散途径。

实现的修复目标

该区域修复后将用于公共设施的建设。在居民使用该公共设施之前对开挖土壤底部及土壤蒸气进行了分析检测，检测结果通过了加油站所有者和公共部门的双重验收。

土建工程混凝土铺砌

管理过程

所有修复干预活动于2009年完成并由公共部门颁发了修复合格证书。

焦化厂

17 搬迁的焦化厂

引言

案例介绍了位于意大利西北部一个工业港湾内的焦化厂的修复情况。

该工厂在 20 世纪 90 年代搬迁。2001 年，启动拆除和修复活动。在清理完成后，该区域被用于城市开发。

区域面积约为 80 000 m^2，位于一条河流的右岸，海拔 25 m。

场地特征

由于覆盖有回填层，场地地势平坦。土壤地层特点为表层是一个回填层（惰性材料和碎砖瓦），之下为交替的砂土和粉土层。在整个场地的不同深度处几乎都存在明显不连续的黏粉土透镜体。

地下水位于地面以下大约 2 m 处，有较大的季节性波动。

工厂的历史图像

污染特征

对该场地开展了大范围的土壤和地下水调查，土壤调查重点包括：

- 8 个 25 m 深的钻孔（其中 1 个钻孔钻至 31 m 深）；
- 18 个配有压力计的钻孔（20 ～ 25 m 深）；
- 5 个配有压力计的空心钻孔；
- 10 个探坑，深 4 m。

检测结果表明 25 m 深度范围内土壤中金属、多环芳烃（PAHs）、挥发性有机化合物（VOCs）及总石油烃（TPHs）超标，超过了相应污染物阈值水平。地下水除了 PAHs 外，均符合阈值浓度要求。

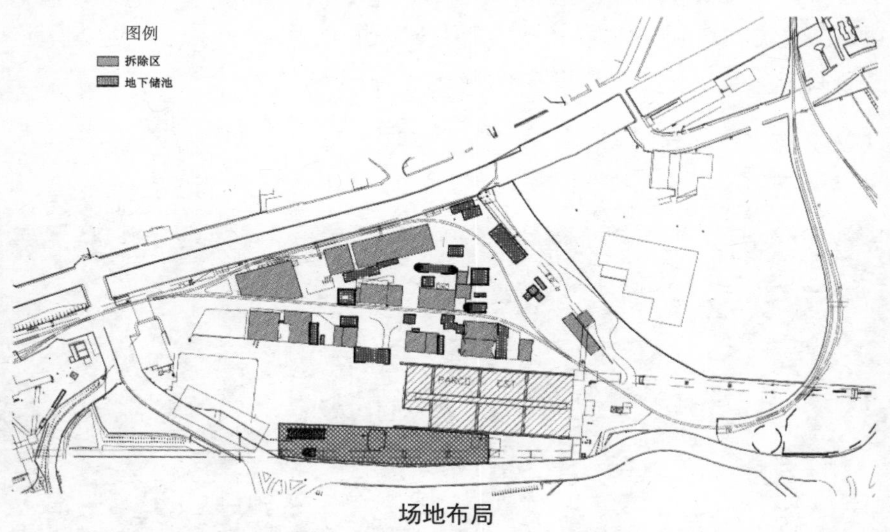

场地布局

场地特殊的土层结构影响了有机污染物在土壤中的分布。黏粉土透镜体土层起到了过滤器的作用，使得几乎所有的砂土层都是干净的。同时弱透水层也起到了截留污染物的作用。这种情况导致场地深层土壤（弱透水层）被污染，而浅层土壤（透水性强）却是干净的。

安装在地下的装满废液（如焦油和其他生产残留物）的储池和储罐是主要的污染源，在搬迁阶段，出现了地下储池 / 储罐与周围土壤交叉污染的问题。

地下储池中贮存的焦油总体积大约为 5 000 m^3。

检测到焦化厂的典型污染物质为：溶剂、多环芳烃、氰化物和硫氰酸盐、氨、酚、甲酚、硫酸盐和重金属。

概念模型

确定的场地主要污染源为：

• 工业厂房、地下储罐和储池；

• 存储区；

• 污水系统。

二次污染源包括：

• 表层土壤：无机（金属）和有机污染（因储煤造成）并存于表层土壤中；

• 深层土壤：特殊土层结构导致有机污染物垂向迁移，造成深层土壤污染，而浅层土壤没有污染；

• 地下水因土壤污染物下渗而间接受到污染。

按照城市开发需求及场地清理设计要求，开展了风险分析。风险分析考虑了商业受体和工人吸入土壤和地下水蒸气（室内和室外）以及直接接触土壤和地表水的暴

新场地开发

露途径。同时，也对保护河水中的水生生物进行了风险分析。

场地上没有饮用水井。

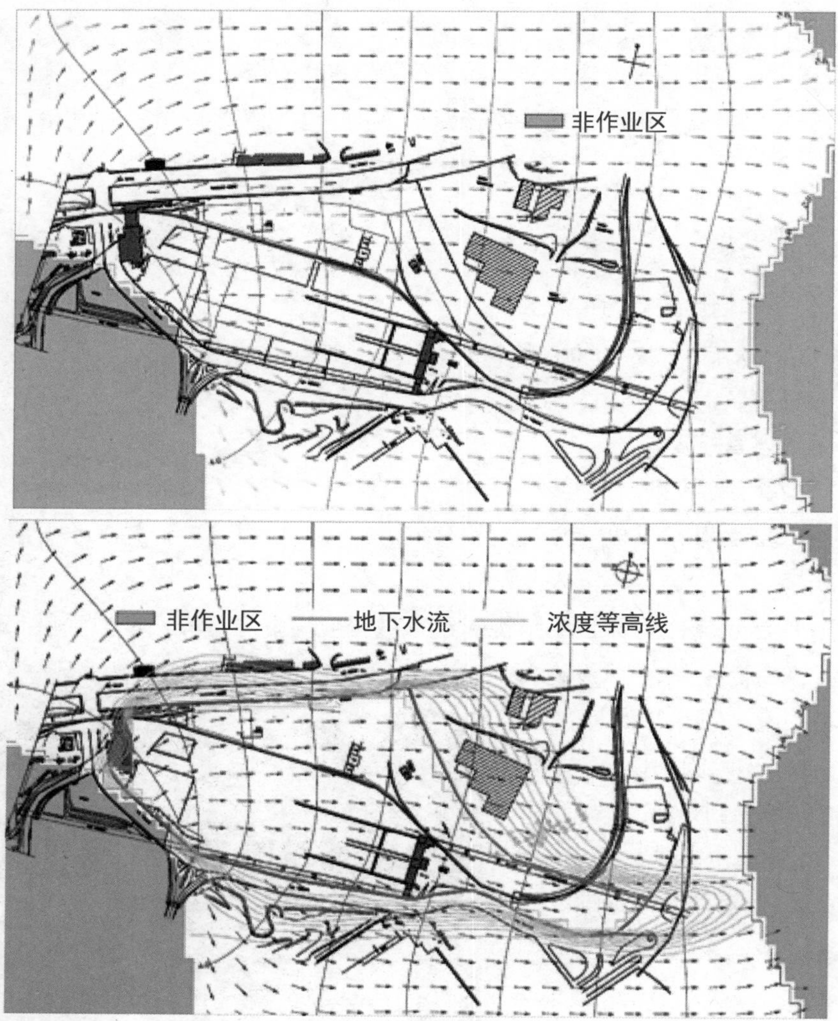

地下水模型

修复目标

风险分析结果表明：

• 与土壤直接接触的暴露风险高于可接受的水平；

• 深层土壤和地下水蒸气吸入的暴露风险低于可接受的水平。

选定和采用的修复活动

清理活动包括：

• 挖出和处置表层 3 m 深的土壤；

• 地表覆盖沥青，以防止受体直接接触土壤；

• 拆除储罐和储池，处置所装废液；

• 移除和处置被拆除过程中被焦油污染的土壤；

• 监测地下水；

• 规定在该区域的未来城市开发中不修建嵌入式密闭空间；

• 规定安装应急监测井（水力屏障），以便在地下水位上升时进行抽水。

应急水力屏障由 7 口井和 4 个监测压力计组成。该水力屏障也用于监测场地下游边界的地下水水质。应急屏障是根据污染扩散水力模型、场地的水文地质特征以及区域的水文特征而设计的。

实现的修复目标

修复项目获得了当地部门的批准。

按照批准的项目要求进行场地清理。

在清理活动期间，每月进行地下水监测。清理活动结束后，每 6 个月监测一次。该监测工作将持续 5 年。

场地清理活动开始于 2001 年，结束于 2010 年。

修复费用和管理过程

管理部门颁发了修复完工证书。

修复完工后，在场地上修建了一个商业中心，该中心于2011年开业。

修复项目的总费用为750万欧元。

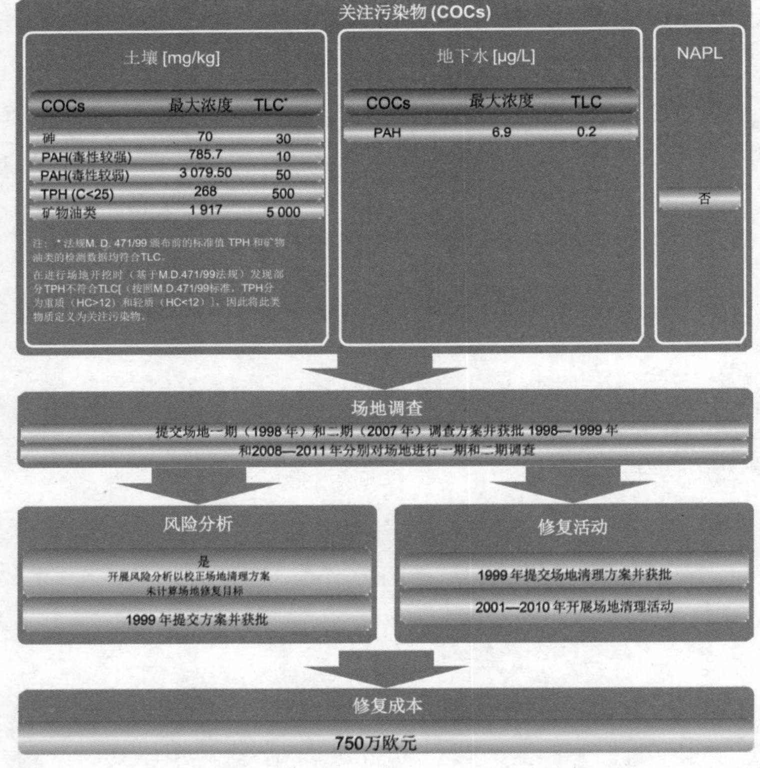

修复过程流程图

18 运营中的焦化厂

引言

案例介绍了意大利北部一个仍在运营的焦化厂修复项目。该厂主要从事焦炭生产活动（共有175个锅炉，年产约50万t焦炭用于钢铁生产）。场地面积约为26万m^2，是1936年以来欧洲仍在运营的为数不多的焦化厂之一。

场地位置

场地特征

场地位于城市中心，左侧有一条河流。20世纪30年代，河流转道，原河床位置留下一块较为平坦的地块（海拔为340～365 m）。焦化厂就建在这个平地上。

焦化厂主要由存储区、焦炉和一个气体处理系统组成，生产的净煤气用于能源供应，其次还会有苯、萘、焦油、硫酸等副产物产生，同时也会产生一些待处理的水和废弃物。

包括煤炭存储区在内的大部分厂区均采用混凝土或沥青铺砌，只有少量区域未铺砌。

土壤地层结构从地面往下，第一层为回填土层，由大量混有炭材料的粗质土构成；第二层主要是粉土组成的细颗粒层；最后一层为不透水基岩。场地调查和抽水试验表明，场地局部地区存在地下水，观察发现地下明显存在滞水层，水位位于地面以下 1 ～ 7 m 处。

事实上，场地土壤的非均质性是建立场地概念模型和设计相关清理活动所面临的一个主要问题。

污染特征

考虑到建厂年代久远，判断原材料储存、储罐或管道的泄漏或溢油是导致厂区部分区域污染的源头。其中气体处理区被认为是最关键的污染区域。

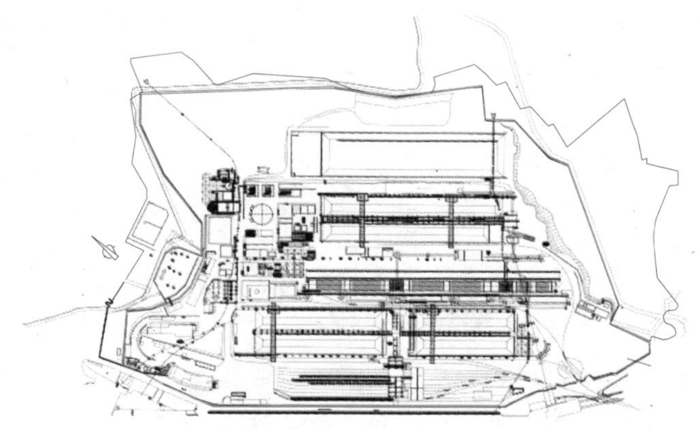

工厂布局

为了调查底土质量，在 2003—2004 年开展了不同的调查活动。

调查结果表明总石油烃（TPH）、苯、多环芳烃（PAHs）、硫酸盐普遍超过土壤质量阈值水平，金属则局部超标。以上污染物的检测浓度远高于监管阈值浓度。场内污染深度达 7 m，但边界以外污染扩散十分有限，这得益于场地水文地质环境。

地下水分析结果表明上述污染物也超过地下水监管阈值水平，且在厂区内普遍存在，同时还发现了氨的污染。与土壤类似，地下水污染在场地边界外的扩散较为有限。

概念模型

基于上述调查结果对场地进行了风险评估，确定了特定场地的修复目标，同时确定了场地改善和修复的可行性方案。

土壤和地下水是主要的污染源，暴露于污染中的潜在受体为工厂工人和场外居民。风险分析考虑了以下暴露途径：直接接触以及室内和室外土壤和地下水蒸气吸入（没有考虑地下水流动迁移途径，因现行的意大利法规只要求场地边界内污染物符合阈值水平。此考虑与风险分析结果无关）。

风险分析结果表明土壤摄入和蒸气吸入途径对人体健康存在不可接受风险，因此要尽量避免直接接触，控制室外蒸气挥发途径。

由于风险分析模型中的扩散方程会因蒸气通量的问题导致高估暴露风险，因此为了更好地阐释苯、氨和多环芳烃蒸气吸入的本质，进行了现场测量以便对模型进行矫正。

对于室内和室外蒸气，采用了不同的监测技术。针对室内蒸气，开发并使用了静态通量箱，它能够测量到与风险分析最低浓度相对应的通量水平。最初使用了相同的设备进行室外蒸气监测，但出现了严重的箱体密封问题，即无论是在未铺砌还是在铺有沥青的区域，由于进入箱体的新鲜空气增多和底土中小通量污染气体的增加，使测量通量不够可靠。因此决定采用专用压力计内的土壤气体探测器来监测室外土壤气体。

结果表明无论建筑物内部、建筑物附近还是室外均未检测到蒸气通量，或者说蒸气通量值远低于基于风险的允许浓度。

上述数据表明风险分析结果有时过于保守，因此认为没有必要在场地进行隔离蒸气的相关操作，如铺砌地面以隔绝蒸气等。

修复目标

场地修复活动的进行要不影响焦化厂的正常运营，同时也不能对周围区域和潜在受体造成危害。

工业区仍在运营，故不能进行任何形式的拆除。唯一可行的方案就是在场地上实施安全措施，以切断关键的现场暴露途径、清理场外土壤污染和保护下游地下水。

选定和采用的修复策略和活动

选定的修复策略如下：

• 对整个区域（50 000 m^2）进行铺砌，以切断直接接触暴露途径（绿色陡峭区域采用喷射混凝土的方法进行覆盖）；

• 在紧邻场地边界外的区域灌浆固定相对较深的污染土壤（3 000 m^3）（该污染可迁移到地下 7 m，并已通过一个有利于污染扩散的途径迁移到场地边界外的下游区域）；

• 在下游边界东部（最关键的部分）安装一个喷射灌浆屏障（1 200 m^2）；

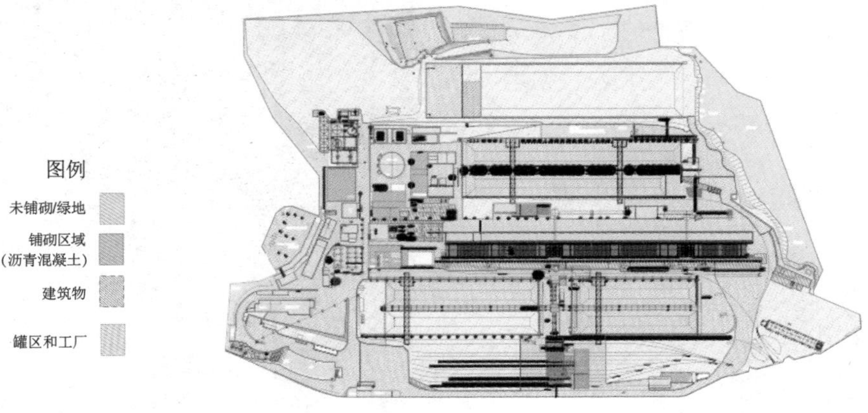

场地表面覆盖

• 在整个下游边界（700 m 长）安装一个水力屏障（井点），以保护下游地下水。

更确切地说，通过一个井点系统修复场地地下水。在整个下游边界安装一个水力屏障（700 m 长），并在其渗透性最强的部分，配合使用嵌入岩石中的喷射灌浆屏障，该屏障长 200 m、深 7 ～ 10 m（增加喷射灌浆屏障上游的井点，以保持地下水位低于地面）。

采用了喷射灌浆技术来覆盖并固定外部污染土壤（通过其他专门的场地调查确定了边界）。

实现的修复目标

目前所有相关活动，包括喷射灌浆屏障、井点系统以及外部污染土壤喷射灌浆固定化工作均已经完成。喷射灌浆（屏障和固定化）安装等相关活动约花费 90 万欧元（屏障和固定化分别为 30 万欧元和 60 万欧元），而安装井点系统的费用约为 65 万欧元（井点和补充工程分别为 40 万欧元和 25 万欧元）。

场地表面铺砌费用约为 300 万欧元（受影响场地体积为 50 万 m^3，总清理费用每立方米不足 10 欧元）。

因此，清理 25 万 m^2 污染场地总成本为 500 万欧元，包括地下水和 100 多万 m^3 受影响土壤的修复。

土壤气体收集通量箱

管理过程

修复措施由行业运营商实施，获得了当地市政部门的批准。

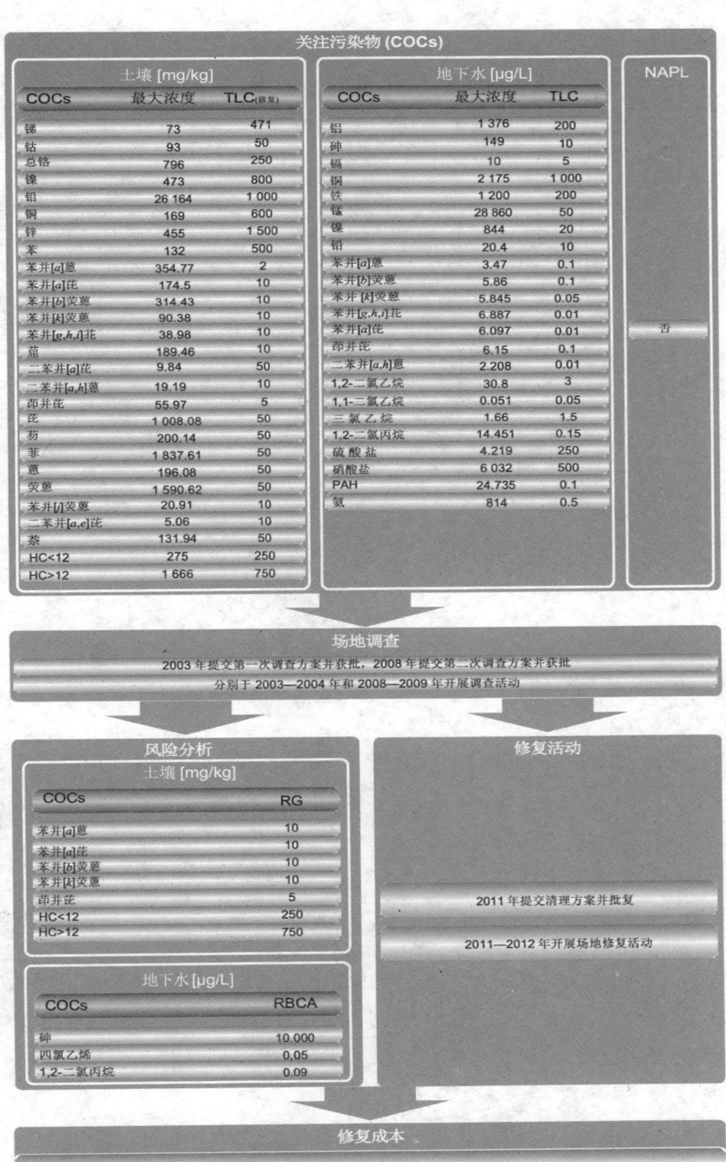

关注污染物 (COCs)

土壤 [mg/kg]

COCs	最大浓度	TLC(修复)
锑	73	471
钴	93	50
总铬	796	250
镍	473	800
铅	26 164	1 000
铜	169	600
锌	455	1 500
苯	132	500
苯并[a]蒽	354.77	2
苯并[a]芘	174.5	10
苯并[b]荧蒽	314.43	10
苯并[k]荧蒽	90.38	10
苯并[g,h,i]苝	38.98	10
䓛	189.46	10
二苯并[a]芘	9.84	50
二苯并[a,h]蒽	19.19	10
茚并芘	55.97	5
芘	1 008.08	50
芴	200.14	50
菲	1 837.61	50
蒽	196.08	50
荧蒽	1 590.62	50
苯并[j]荧蒽	20.91	10
二苯并[a,e]芘	5.06	10
萘	131.94	50
HC<12	275	250
HC>12	1 666	750

地下水 [μg/L]

COCs	最大浓度	TLC
铝	1 376	200
砷	149	10
镉	10	5
铜	2 175	1 000
铁	1 200	200
锰	28 860	50
镍	844	20
铅	20.4	10
苯并[a]蒽	3.47	0.1
苯并[b]荧蒽	5.86	0.1
苯并 [k]荧蒽	5.845	0.05
苯并[g,h,i]苝	6.887	0.01
苯并[a]芘	6.097	0.01
茚并芘	6.15	0.1
二苯并[a,h]蒽	2.208	0.01
1,2-二氯乙烷	30.8	3
1,1-二氯乙烷	0.051	0.05
三氯乙烷	1.66	1.5
1,2-二氯丙烷	14.451	0.15
硫酸盐	4.219	250
硝酸盐	6 032	500
PAH	24.735	0.1
氨	814	0.5

NAPL

否

场地调查

2003 年提交第一次调查方案并获批，2008 年提交第二次调查方案并获批

分别于 2003—2004 年和 2008—2009 年开展调查活动

风险分析

土壤 [mg/kg]

COCs	RG
苯并[a]蒽	10
苯并[a]芘	10
苯并[b]荧蒽	10
苯并[k]荧蒽	10
茚并芘	5
HC<12	250
HC>12	750

地下水 [μg/L]

COCs	RBCA
砷	10.000
四氯乙烯	0,05
1,2-二氯丙烷	0.09

修复活动

2011 年提交清理方案并批复

2011—2012 年开展场地修复活动

修复成本

500万欧元

修复过程流程图

钢铁行业

烧结、焦化和高炉

熔炉和铣削场地

铣削和电镀污染土壤及地下水修复

辅助区

19 烧结、焦化和高炉

引言

案例介绍了位于意大利西北部一个钢铁厂的关闭和清理过程。该工厂始建于20世纪30年代，第二次世界大战期间停建，20世纪50年代工厂建成，同期开始进行钢铁生产活动。

该工业场地地理位置优越，靠近河口，方便物流和加工作业。由于包含烧结、焦化和高炉生产的工业活动区距离居民区太近，当地居民难以接受这样的居住环境。

20世纪90年代末，人们对炼钢过程会导致空气污染的认识逐渐增强。由于工厂向大气中排放灰尘和致癌物，当地行政主管部门提出了城市中心和钢铁厂之间的环境不兼容问题。2005年，公共部门和业主之间签署了一份有关钢铁厂修复的公共协议。协议规定停止炼钢活动（最后一次热处理发生于2005年7月29日），并划拨35万m^2的场地用于物流活动用地。

场地特征

场地位于通过填海形成的平地上，面积约25万m^2。填海所用砾石和岩石等粗料取自附近山体。因此，场地土层特征是：从地面开始的表层是渗透性很强的地层，其下方是由相间的砂石和粉土组成的天然海洋沉积物。

生产区域如下：

• 高炉区（22 800 m^2），以下称为AFO区；

• 焦炉区（26 500 m^2）以及相关化工厂区（13 500 m^2），以下分别为COK区和SOT区；

• 园区，特指一个煤炭园（67 600 m^2）（以下称为AUC区）和一个存储区（8 600 m^2）；

• 产钢区（54 100 m^2），该区域含有大型电炉，以下称为 ACC 区；

• 一组辅助区（A1 和 A5），该区域含有一些燃料储存罐和两个储气罐（119 400 m^2）。

针对场地土层结构的初步调查工作始于 1999 年，并在 2007 年结束。同时，采样计划正式获得批准。

工业场地历史图片

污染特征

为了更好地确定场地上所有可能出现的污染物，调查了场地的表土和底土：钻了 52 个钻孔、54 个探坑、安置了 39 个压力计（其中 31 个是监测井），通过 6 次地下水采样共获取了 502 个土壤样本和 150 个地下水样本。所有样品均被送至实验室进行分析检测。

土壤样本的实验室分析结果表明，土壤中的总石油烃（TPH）、苯系物（苯、甲苯、乙苯、二甲苯）、多环芳烃（PAHs）、重金属（砷、镉、铬、汞、镍、铅、铜、钒、锌）及苯酚不符合意大利土壤阈值水平。

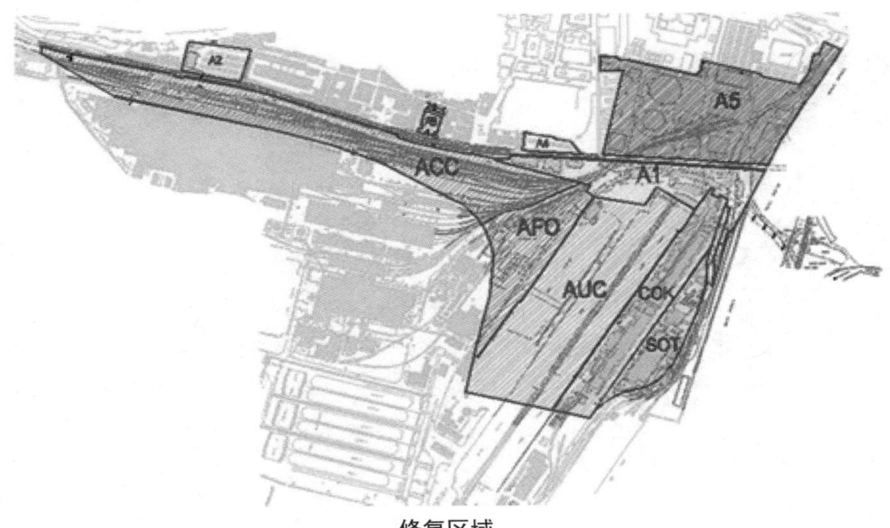

修复区域

地下水样本分析检测结果表明，地下水中的溶解烃（正己烷）、苯和多环芳烃超出了相关的阈值水平。

按地层和污染物种类绘制场地图件，并分析底土污染的空间分布情况。考虑的地层如下：

• 表土：0 ～ 1 m （地面以下）；

• 渗流区：1 ～ 3.5 m；

• 上层饱和土壤：3.5 ～ 10 m；

• 下层饱和土壤：低于 10 m。

叠加每种关注污染物的污染范围以确定该场地的清理区域。

识别两个不同污染羽以确定地下水污染的空间分布：

• 污染羽 A：溶解烃（正己烷）和苯；

• 污染羽 B：PAHs 和苯。

这些污染物的主要来源各不相同：污染羽 A 主要是因为装有自由相物质（NAPL）的地下储油罐泄漏形成的，而污染羽 B 是由 SOT 区污染土壤淋滤造成的。

污染物可快速垂向迁移的原因是土壤中存在高渗透性的粗料（如回填材料和砂石，其特点是具有大的有效孔隙度和渗透系数）。

概念模型

在风险分析过程中，整个清理区被认定为是二次污染源。这是由于场地原始污染源（掩埋的废弃物和NAPL）在拆迁活动中被全部移除。场地风险评估时所需关注的暴露途径主要为土壤颗粒物和污染蒸气吸入，以及为保护水生生物所考虑的地下水迁移至地表的暴露途径。根据以上暴露途径的风险评估结果可明确本场地再开发利用前的清理要求。

风险分析考虑了以下潜在受体：

- 场外住宅受体（钢铁厂附近的居民）；
- 场内商业受体（港口雇员等工作人员）；
- 其他场内商业受体（如街道使用者）；
- 建筑工人；
- 地表水（海洋和河口）水生生物。

风险分析表明，AFO区、AUC Ⅰ区、AUC Ⅲ区、AUC Ⅳ区、A5 Ⅱ区不需要修复；而在SOT区，既有由蒸气吸入造成的公众健康风险，又有因污染地下水迁移造成的地表水污染风险。

在受到掩埋废弃物影响的AUC Ⅱ区，通过反向风险分析计算了基于风险的阈值，随后进行了移除掩埋废弃物的工作。同时，采集挖方底部样品并分析验证其污染物浓度是否符合基于风险所计算的阈值标准。

该场地主要污染源是AUC Ⅱ区和SOT区的掩埋废弃物，以及A5区的自由相物质。

根据城市发展规划，该场地有6万m^2被开发为公共区域，大约有7万m^2被用于修建一条城市高速公路，其余14万m^2被用作海港区。

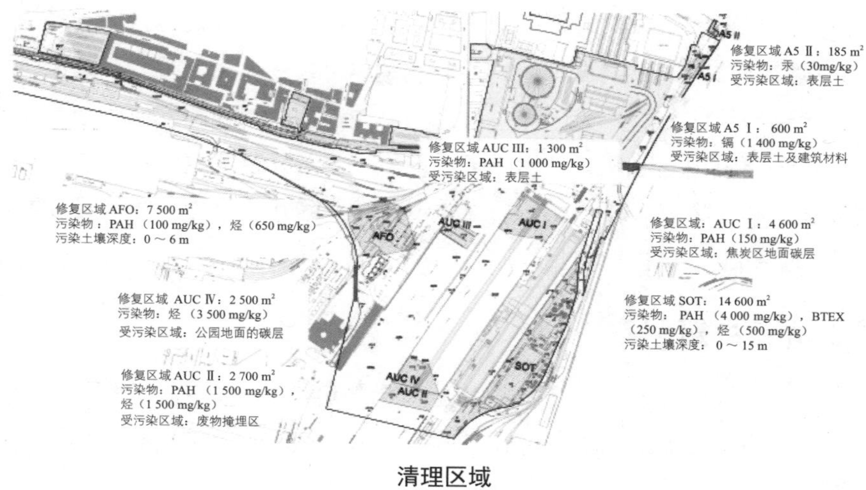

清理区域

修复目标

去除所有主要污染源并清理土壤和地下水，以消除该场地对人体健康和环境的风险。

工厂关闭后，启动上述污染区域修复工作。

采用的修复策略和活动

对于 A5 Ⅰ区，由于受到污染影响的区域较小，所以根据意大利环境法规对其采用了一个简化的修复程序，未对该区进行风险分析。修复措施仅包括拆除现有建筑；分析所采集的土壤和建筑垃圾；移除受影响的土壤并对开挖范围底部进行化学分析，确定其是否符合相关的阈值水平。

在 AUC Ⅱ区，挖掘、收集并处置了掩埋的废弃物（0.7 m 陶瓷材料和 1 m 泥土）。对开挖的基坑底部进行验证采样，以评估其是否达到基于风险的允许浓度（RBACs）。

在 SOT 区构建封堵设施，并对地下水进行清理，以减少人体健康风险，并将地表水风险降低至可接受水平。在地面上铺砌了由沥青结合环氧树脂组成的防渗路面，以将污染物的室外 / 室内蒸气吸入风险降低至可接受水平。此外，为了除去自由相物质，联合采用了双泵系统处理设施，该系统由一台深泵（用于降低地下水水位，以将自由相物质调至其表面）和一个表层自由相物质撇除器（该系统可在不混合水与自由相物质的基础上，除去自由相物质）组成。

实现的修复目标

在工厂退役过程中，没有产生进一步的污染。

AUC Ⅱ区中包含自由相物质的所有掩埋废弃物均被移除，总量达 1 700 m^3。

从经济角度来看，最重要的干预措施是在 SOT、COK 和 AFO 区域开展的拆除作业；而对周边居民产生积极影响的最重要的干预措施是储气罐的拆除。

市区重建计划包括修建新的公共区域和一条连接机场到城市中心的高速城市公路（1 700 m 长，6 车道）。

管理过程

修复目的是将该场地恢复为物流和港口用地。该场地的物业、退役和清理活动由一家上市公司统一管理。公司成员包括当地大区管理机构、省管理机构和市政部门。

根据修复后场地未来的价值，总修复费用部分由国家政府公共资金承担，另一部分由该公司承担。

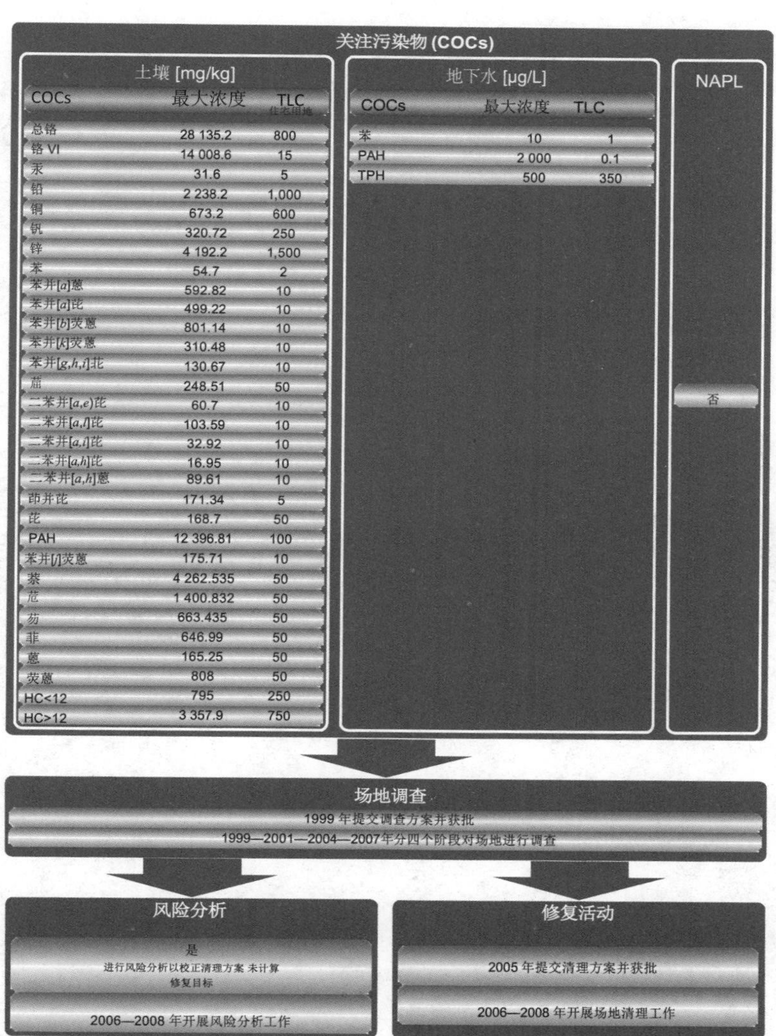
关注污染物 (COCs)
土壤 [mg/kg]
COCs 最大浓度 TLC 住宅用地
总铬 28 135.2 800
铬 VI 14 008.6 15
汞 31.6 5
铅 2 238.2 1,000
铜 673.2 600
钒 320.72 250
锌 4 192.2 1,500
苯 54.7 2
苯并[a]蒽 592.82 10
苯并[a]芘 499.22 10
苯并[b]荧蒽 801.14 10
苯并[k]荧蒽 310.48 10
苯并[g,h,i]芘 130.67 10
䓛 248.51 50
二苯并[a,e]芘 60.7 10
二苯并[a,l]芘 103.59 10
二苯并[a,i]芘 32.92 10
二苯并[a,h]芘 16.95 10
二苯并[a,h]蒽 89.61 10
茚并芘 171.34 5
芘 168.7 50
PAH 12 396.81 100
苯并[j]荧蒽 175.71 10
萘 4 262.535 50
苊 1 400.832 50
芴 663.435 50
菲 646.99 50
蒽 165.25 50
荧蒽 808 50
HC<12 795 250
HC>12 3 357.9 750
地下水 [μg/L]
COCs 最大浓度 TLC
苯 10 1
PAH 2 000 0.1
TPH 500 350
NAPL
否
场地调查
1999 年提交调查方案并获批
1999—2001—2004—2007年分四个阶段对场地进行调查
风险分析
是
进行风险分析以校正清理方案 未计算
修复目标
2006—2008 年开展风险分析工作
修复活动
2005 年提交清理方案并获批
2006—2008 年开展场地清理工作

修复过程流程图

20 熔炉和铣削场地

引言

案例介绍了一个弃置炼钢厂的修复过程。场地位于意大利北部，主要的生产活动为炼钢（熔炉）和带有加热炉的铣削（自 1932 年开始）。场地面积超过 26 万 m^2，最大钢产量每年近 10 万 t 。工厂 1911 年开始运营，20 世纪 60 年代停业。

在项目开始时，场地上仍有部分仓库及办公室。

场地特征

场地位于一个高度城市化的地区，地势平坦，天然底土主要由渗透性较差的粉土和黏土组成。天然土壤上方为回填土层，几乎覆盖了整个场地，自东到西厚度增加。事实上，工厂是逐步兴建的，最初兴建的是熔炉车间，位于厂区东部，后续通过回填周围区域逐步扩大，回填材料用的是工业活动产生的废渣（主要是炉渣）。

场地布局

垃圾填埋场修建

污染特征

1994 年进行了首次场地调查活动，为开发新住宅及商业区，需对场地土壤和底土进行污染评估。土壤样品分析结果表明回填层普遍受到了重金属的污染。

粉土层和黏土层渗透性较差，充当了污染物迁移的天然屏障，因此天然土壤反而是符合阈值质量标准的。

下表列出了土壤中重金属最大和最小浓度。

物质	最大值 /（mg/kg）	最小值 /（mg/kg）
砷	<0.5	<0.5
镉	16.68	1.59
六价铬	<0.5	<0.5
总铬	1 565	36.20
镍	615	28.80
铅	1 420	36.60
铜	1 377	64.30
锌	3 257	191

在地下储罐和其他燃油动力设备附近发现了总石油烃（TPH）污染，浓度高达 3 000 mg/kg。

概念模型

场地调查结果表明几乎整个区域的头几米深处均被污染，这与历史性回填活动高度相关，但污染并未向下迁移，因此没有影响到更深层的土壤。污染回填土层总体积约为 40 万 m^3，最深达 5 m（平均 2 m）。

回填材料中有很大比例的粗料和极粗材料（如砖和混凝土块）是惰性的，因此并不是所有回填材料均被污染，事实上只有细组分被污染。通过渗滤液测试验证了这一结论（主要针对粗料进行试验，表明其可被安全再利用）。此外，测试表明区分回填材料中被污染材料和惰性材料的理论粒度界限为 4 mm。

修复目标

修复项目开始于 20 世纪 90 年代中期，当时意大利国家污染场地法规尚未颁布，地区政府颁布的参考目标浓度被用作场地的修复目标。下表比较了该项目所采用的限值与 1999 年第一个国家污染场地法律颁布时设定的阈值浓度。

物质	区域参考值	1999 年国家修复目标
砷	30	20
镉	5	2
六价铬	8	2
总铬	500	150
镍	150	120
铅	375	100
铜	150	120
锌	500	150
TPH	100	50
单位：mg/kg，适用于住宅用地。		

开展场地修复是为了确保场地残余污染物浓度符合住宅用途质量标准。当先前采用的参考值较高时，其合理性通过“风险分析”手段进行了验证。除此之外没有再开展任何风险分析。

选定和采用的修复策略和活动

根据调查信息建立了概念模型，并制定下列修复策略：

• 挖出回填材料，一直挖到未污染的天然土壤为止（通过在挖方底部进行系列采样和分析工作来验证）；

• 通过机械筛分，将挖出的回填材料分离成粗料和细料；

• 粗颗粒浸出鉴定达标后，用作现场和 / 或场外回填材料；

• 将受污染的细颗粒倾倒在一个专用填埋场中，覆盖填埋后建设成绿地。

土壤筛选阶段

筛选操作中的粒度界限是一个关键问题，由于存在黏土成分，并且湿度较高，造成一些细组分仍然黏在粗组分中，使得粗组分仍被污染，不能很好地再利用，因此前面制定的理论粒度界限并不适合全面应用。

现场作业中进行了更加详细和全面的测试，采用筛孔为 4 ～ 15 mm 的不同筛网来筛分粗细组分以确定粗组分可被再利用的最佳粒径。经过测试发现最佳粒径为 10 mm。

需要特别注意的是，垃圾填埋场的设计要符合市区重建计划（最初设计容量为 13 万 m^3，后来减少到 12 万 m^3）。部分垃圾填埋场修建在地面上，变成了“绿色山丘”；而另一部分修建在地下，上方修建了街道、广场和停车场。

垃圾填埋场的结构如下：

• 底部为黏土层；

• 斜坡上为土工合成黏土垫层；

• 底部、斜坡上和顶部均（铺）有高密度聚乙烯土工膜；

• 整个斜坡土体被加固，使斜坡可以做得更陡以尽量减少地上覆土；

• 考虑到垃圾填埋场中填埋材料的特殊性，渗滤液收集系统尽量做得简单（事实上许多年内，几乎没有从垃圾填埋场中收集到任何渗滤液）。

实现的修复目标

项目分两个阶段完成：第一阶段（1996—1998 年），共挖出和处理 23 万 m^3 土壤；第二阶段（2006—2007 年），修复了 17 万 m^3 污染土壤。

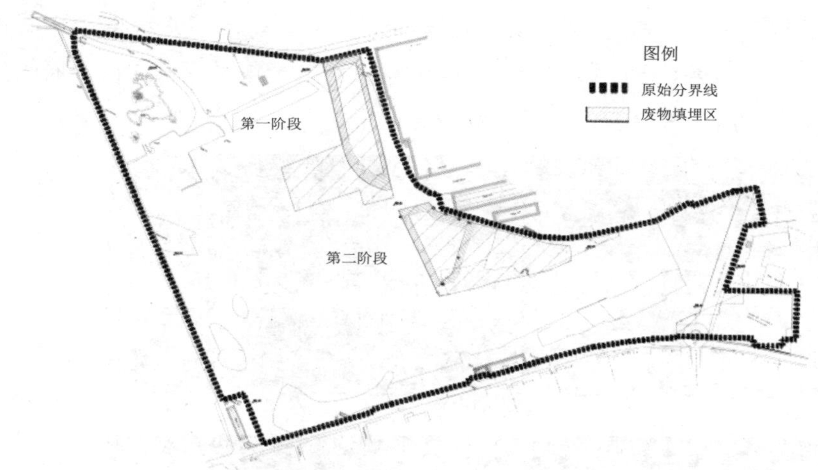

第一阶段和第二阶段的垃圾填埋场地块

尽管使用了较大筛孔，但筛选效率还是相当令人满意的，挖出的回填材料回收率接近 67%，共有 27 万 m^3 粗料被回收和再利用。

项目总费用大约为 750 万欧元，单价分别约为 30 欧元 /m^2 和 20 欧元 /m^3。

相比同类项目，这一费用已经很低，这主要是因为可以将粗组分再用作免费回填材料。另外，由于现场修建一个专用垃圾填埋场，使得有足够的空间和时间完成项目。

该区域目前已经完全被修复，并获得了很大程度的开发，修建了住宅楼和一个购物中心。

管理过程

修复项目由开发这一区域的公司完成，公司股东为该区域原所有者（和产业运营继任者）和一个房地产开发商。修复费用完全由新公司承担，并将通过被修复的场地价值和房地产收入收回。

由于当时修复法规尚不存在，第一阶段的修复工作没有经过正式的批准程序（只有垃圾填埋场的修建通过一个审批程序并获得了正式批准）。该项目第二阶段按照新颁布的意大利国家法规获得了市政府的批准。省政府对修复工作进行了验收和认证。

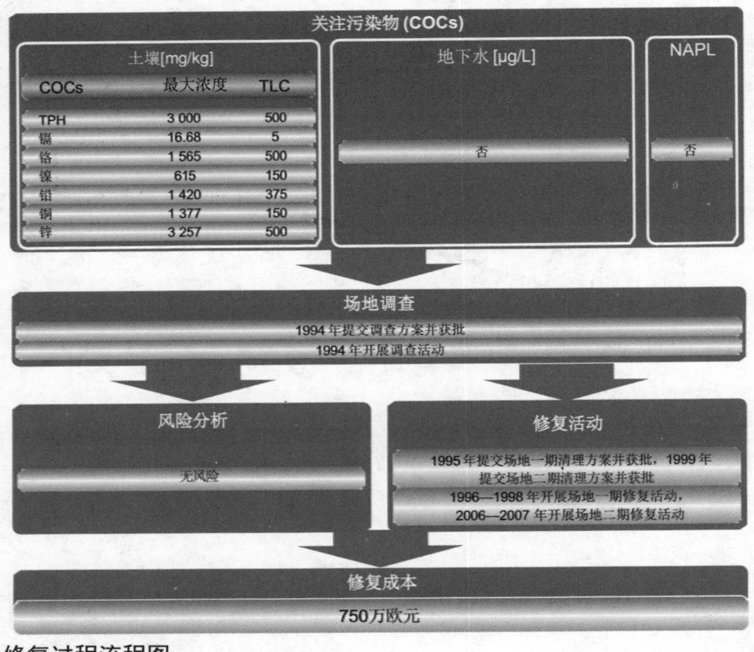

修复过程流程图

21 铣削和电镀污染土壤及地下水修复

引言

案例介绍了位于意大利西南部的一个冶金场地（冷铁、镀锡和锌）土壤和地下水污染修复活动。该冶金场地于 2001 年退役，场地修复工程于 2012 年开始，目前仍在进行。

该区域的工业化可以追溯到 20 世纪 30 年代，当时修建了第一个层压板生产厂。在第二次世界大战之后，修建了其他主要用于普通层压板冷轧生产以及镀锌板热轧生产的工业厂房。

工业活动结束后，拆除了部分地上厂区。整个厂区最近被一家上市公司收购，该公司在 2010 年启动了相关修复活动，以建设新的商业建筑和一个城市公园。

场地特征

该工业场地面积约为 20.5 万 m^2，周围三面是其他工业发展区，另一面毗邻铁路线和一些住宅楼（距离边界 100 m 远）。

该区地势平坦，海拔接近海平面，有 70 200 m^2 被遮棚占用，剩下 50% 以上区域未铺砌，而其他铺砌部分用的是渗透性很高的瓷砖。

场区地层由火山沉积而成，并有三个独立的含水层：

- 两个较深（低于 10 ～ 12 m）承压含水层（地下水水头高于地表）；
- 一个潜水含水层，水位埋深约 1 m。

该区域位于一个天然凹地的南部，西侧以丘陵为界，东侧以火山为界。

场地概览

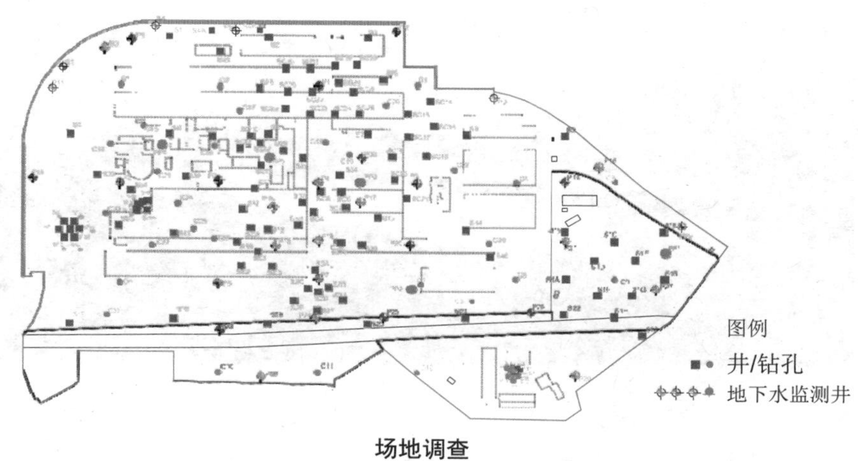

场地调查

场区地层特征自上而下为：

- 1 m 厚的回填层；
- 不同粒度和渗透性的冲积层，其中含有渗透性较差的粉土或黏土层，深度为 15 m（该层是位于含水层的顶部）；
- 地面以下 100 m 处为凝灰岩；
- 其他更深层冲积物，存在少量火山熔岩。

污染特征

2004—2005 年，开展了大型的土壤和地下水调查活动，包括：

- 钻了 78 个钻孔（深达 60 m）；
- 安装了 41 个监测井；
- 挖掘了 42 个探坑。

共从三个含水层中收集了 462 个土壤样本和 82 个地下水样本，并对所有样品进行化学分析。

此外，还开展了用于场地风险评估的渗透试验。

修复工作

针对场地未来用地类型（商业部分和专用于城市公园的住宅部分），对调查结果进行了详细分析。

依据土壤样本分析结果，基本上所有城市公园区域所有深度调查点的土壤污染物浓度都超出了适用的住宅阈值水平（主要是金属），这是人类活动和火山自然背景所造成的。

铣削区土壤表层的总石油烃超出了工业阈值水平，这可能是因为地下管道的泄漏主要集中在表层的缘故。

酸洗区下游地下水中氯化物（如三氯乙烯 TCE 和四氯乙烯 PCE）超出了阈值水平；而几乎所有地下水含水层中，尤其是深层含水层中的典型火山物质（金属：砷、铁、锰）均超出了阈值水平。

需关注酸洗区内地下水 TCE 和 PCE 检出值超过阈值水平的区域。该区不存在明显的污染源，尽管土壤中 TCE 和 PCE 的检测值均低于相应的阈值水平，但对土壤中 TCE 和 PCE 的污染情况不容忽视。

概念模型

为预测因土壤中 TCE/PCE 渗漏而导致的地下水污染而设立了一项专项研究。此外，采用特定水文地质建模工具构建了一个模型，用于预测地下水流向和流速。

该模型应用了瞬态方程，将土壤淋滤至地下水的 TCE/PCE 视为二次污染源，模型考虑了土壤污染物会因挥发而逐步减少的情况，并考虑了土壤和地下水中污染物的生物降解过程。

模型预测的地下水污染物浓度与监测浓度一致，证实受 TCE/PCE 影响的土壤（因含氯浓度低于 TLC 而被认为未受污染）是地下水中该类物质的污染源。

开展了场地风险评估，以确定含氯化物地下水是否存在风险。场地特定风险分析表明，地下水污染对人体健康的危险并非迫在眉睫。此外，还证实了场地边界上 TCE/PCE 浓度低于阈值水平，所以排除了污染扩散到场地之外的可能性。

针对住宅受体、商业受体和建筑工人，计算未来公园和商业区域直接接触和蒸气吸入途径下的最大容许浓度。结果表明：

• 在公园区域，如果避免直接接触，金属及少量其他有机化合物的浓度低于最大容许浓度；

场地调查结果

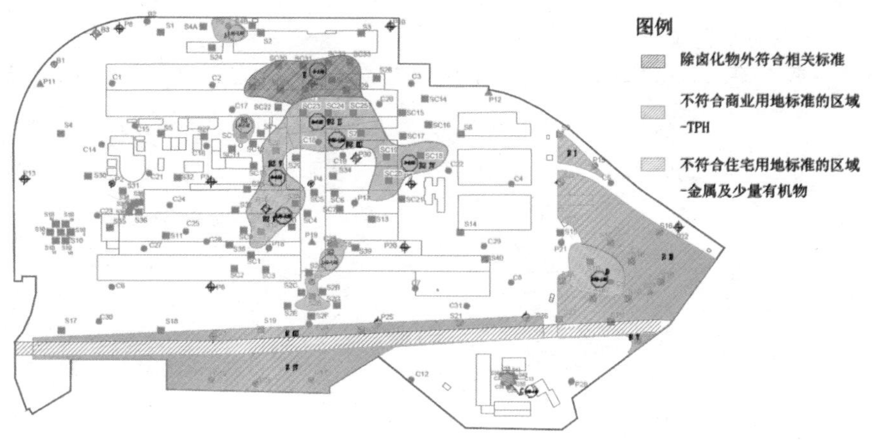

• 在商业区域，建筑工人通过蒸气吸入的 TPH 浓度高于最大容许浓度。

修复目标

根据风险评估结果，确定了以下修复目标：

• 尽管不存在实际风险，但还是要清理地下水中的 TCE/PCE，以防止致癌物质释放到周围环境中。虽然土壤中的 TCE/PCE 未超标，但它是地下水的污染源，故需清除，之后地下水在一定时间内（几年）可自然修复；

• 切断公园区域中的直接接触途径，移除污染土壤；

• 移除商业区域中 TPH 浓度高于最大容许浓度（热点地区）的土壤。

选定和采用的修复策略和活动

采用的修复措施如下：

• 挖出被 TCE/PCE 污染的土壤，并对其进行异地处置，目的是移除污染源，恢复地下水；

• 挖出被 TPH 污染的土壤，并对其进行异地处置（采用 kriging 算法确定场地边界）；

• 挖出停车场被金属污染的土壤，在满足商业用地土壤最高允许浓度的情况下可回填场地商业区（相对于住宅受体，商业受体的最高允许浓度较高）。为保持回填区域地面平坦，可采用 1 m 干净土壤铺盖回填土。

修复费用

修复活动的总费用为 650 万欧元。

管理过程

修复工程始于 2012 年，分析和回填工作仍在进行。

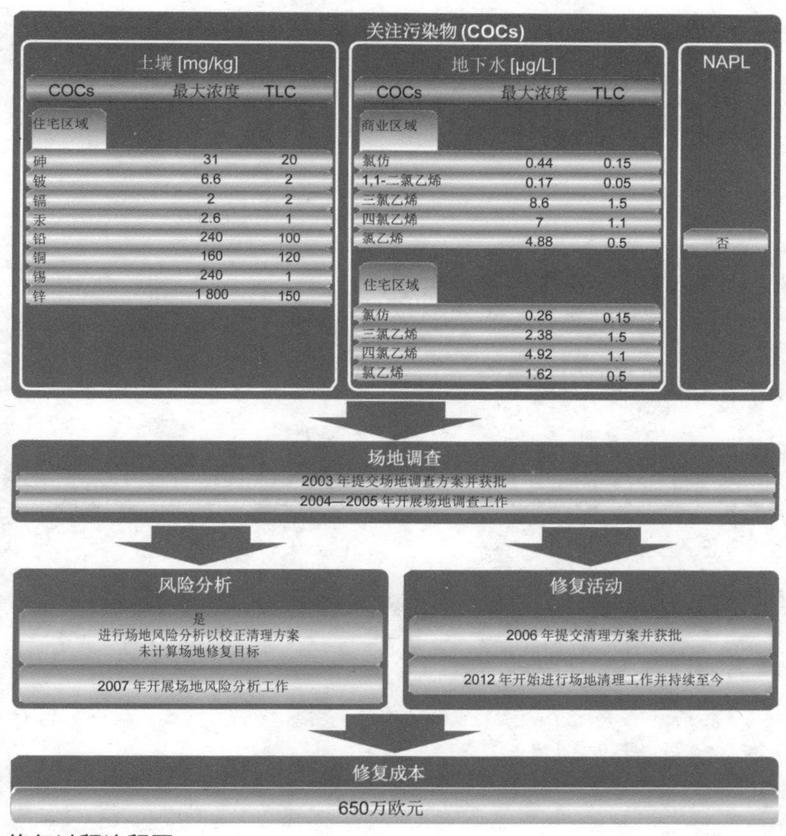

修复过程流程图

22 辅助区

引言

案例介绍了一个钢铁厂约 15 万 m^2 场地的修复项目。该厂位于意大利北部，靠近工业海港。第二次世界大战前，厂区主要用于存储钢厂必需品，但从未从事生产活动。20 世纪 70 年代，该区域规划修建钢铁生产厂，不久即告终止。厂区使用了含有钢铁生产废渣的材料进行了回填。

最近，该区域被一家公共服务机构收购，启动了场地环境评估程序。

场地特征

场地曾是一块湿地，位于冲积平原，海拔 4 ～ 5 m。表层为钢铁产业残留物回填层（如废渣、废弃物、粗料和铸造残渣），面积很大，深度 1 ～ 6 m。回填层下是粉土层和黏质粉土层，渗透性较低；再往下是基岩，平均深度为 14 m，裂隙发育程度很高，由石灰石和砂岩组成。

修复区域地层为一个多含水层系统，由浅层、深层和承压含水层组成。

整个区域被围护起来，并未铺砌，也未使用，且禁止进入。

场地位置

场地调查活动

污染特征

2004 年对场地进行了调查评估。根据调查结果，场地被归属为潜在污染场地。

具体而言，地面以下 8 m 的土壤中一些物质的检测浓度超过阈值浓度（TLC），包括：金属（砷、镉、铬、汞、铅、铜和锌），多环芳烃（苯并 [*a*] 蒽、苯并 [*a*] 芘、苯并 [*b*] 荧蒽、苯并 [*k*] 荧蒽、苯并 [*g*,*h*,*i*] 、苝、二苯并 [*a*,*h*] 蒽、茚并芘和芘），以及重质 TPH。

地下水分析结果表明，浅层含水层中锰、砷和镍等金属、氟化物和硫酸盐超过阈值水平，而深层含水层均符合 TLC。

概念模型

根据场地调查结果，结合当前和未来土地用途及暴露情境，建立了场地概念模型并进行了风险分析。需要强调的是，区域未来用地类型尚未确定，因此风险评估将基于比较保守的假设情景。

目前场地禁止进入。根据场地重建计划，场地将被完全铺砌，故不考虑土壤和地下水直接接触暴露途径。但仍需考虑土壤和地下水通过其他途径对未来场内受体及对附近运河码头工作人员（场外）的影响。风险评估过程中主要考虑以下潜在暴露途径：

- 场内商业受体的室外蒸气吸入；
- 场内商业受体的室内蒸气吸入；
- 场外住宅受体的粉尘和蒸气吸入；
- 场外商业受体的粉尘和蒸气吸入。

修复目标

采用泰森多边形（Voronoi）法以每种污染物的最大浓度作为确定每个多边形的代表性土壤浓度。

只有三个多边形中的 VOCs 超出 TLC，在考虑室外蒸气暴露途径风险分析时，受污染总面积为三个多边形面积之和；而室内蒸气暴露途径风险分析与这一假设无关。

地下水清理

因此针对室外暴露场景，计算了基于风险的允许浓度（RBACs），并与各个多边形的代表性浓度进行比较。结果表明三个多边形中0～1 m深的底土层中，只有汞和多环芳烃（苯并[*a*]蒽、苯并[*b*]荧蒽和苯并[*a*]芘）超出了RBACs。

同时模拟结果表明，即使基于十分保守的建筑物布局假设，室内风险分析结果也不会超过最大可接受风险水平。

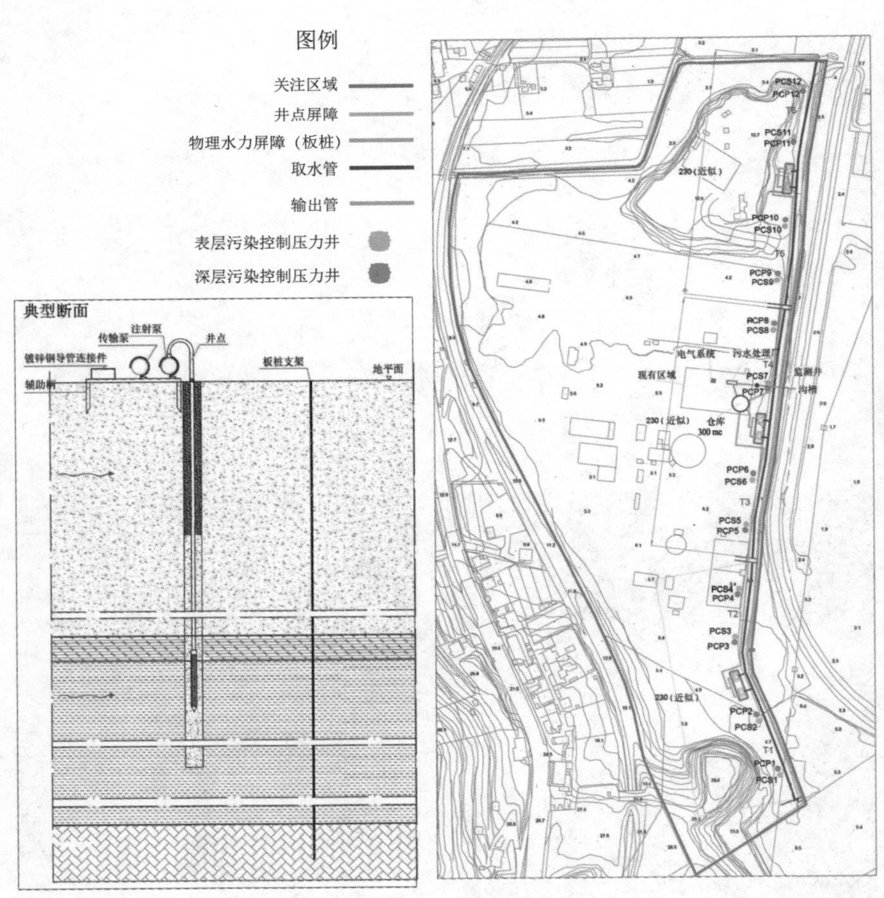

井点系统

根据风险分析结果，上述三个多边形“热点”区域表层 1m 内的土壤需挖出和移除。

至于地下水，为了避免锰污染扩散到区域外，需对其进行干预和修复。

选定和采用的修复策略和活动

采用的土壤修复措施是挖出、筛分、处理和再利用，具体如下：

所有挖出土壤均被存储在一个临时存储区中，采用 HDPE 土工膜进行防渗处理，上面再覆盖一层土工膜，以避免与大气和水的接触。

随后对挖出的土壤进行了筛分，以回收未污染粗料，日后可再利用。

估计共有 2 300 m^3 土壤被污染（2 300 m^2 的面积，厚度为 1 m）。

挖出污染土壤后，对挖方底部土壤进行采样分析以确证污染土壤已被彻底挖出。

为防止地下水中的锰污染扩散到场地外，采取了永久性安全措施。包括在场地下游边界安装一个 720 m 长的物理水力屏障（板桩），同时配合使用一个 715 m 长、10 m 深的井点系统（离物理水力屏障只有 1 m 远），以保持含水层水位低于地面。井点系统抽出的地下水送至一个处理厂进行处理以使其符合相关法规限值。

修复费用

土壤修复的总费用估计为 50 万欧元，而实施含水层永久性安全措施的费用估计为 223 万欧元。

管理过程

土壤和地下水的清理活动将会作为海港区域重建项目的一部分。

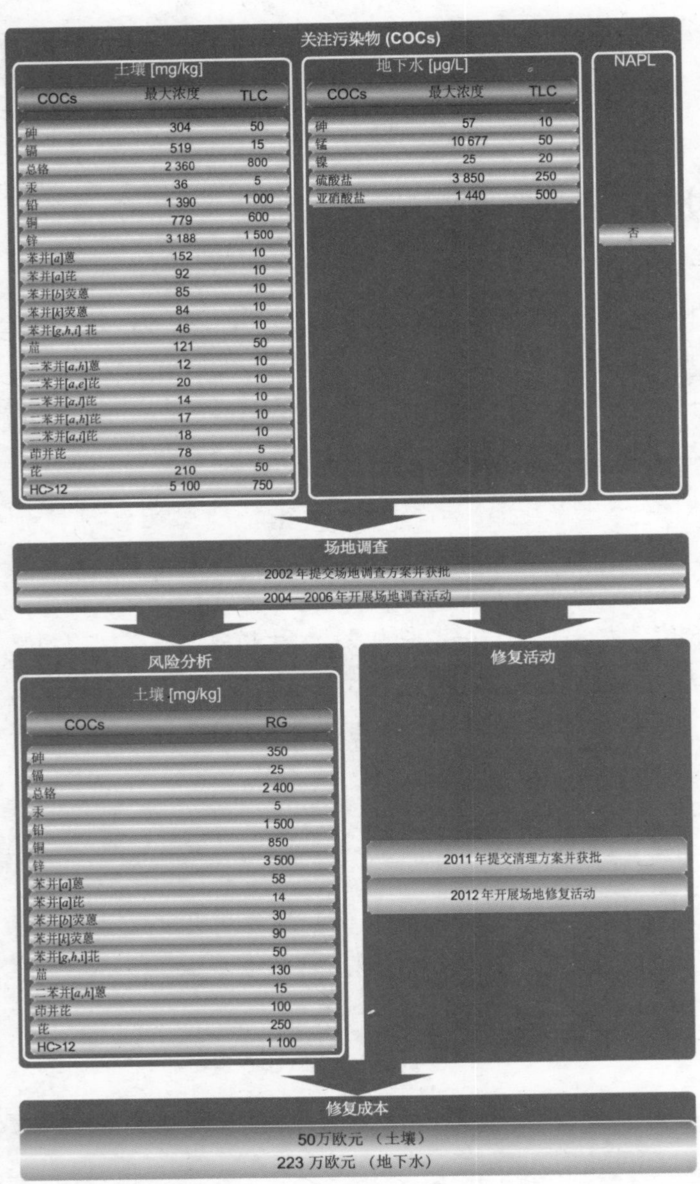

关注污染物 (COCs)
土壤 [mg/kg]
COCs 最大浓度 TLC
砷 304 50
镉 519 15
总铬 2 360 800
汞 36 5
铅 1 390 1 000
铜 779 600
锌 3 188 1 500
苯并[a]蒽 152 10
苯并[a]芘 92 10
苯并[b]荧蒽 85 10
苯并[k]荧蒽 84 10
苯并[g,h,i] 苝 46 10
䓛 121 50
二苯并[a,h]蒽 12 10
二苯并[a,e]芘 20 10
二苯并[a,l]芘 14 10
二苯并[a,h]芘 17 10
二苯并[a,i]芘 18 10
茚并芘 78 5
芘 210 50
HC>12 5 100 750
地下水 [μg/L]
COCs 最大浓度 TLC
砷 57 10
锰 10 677 50
镍 25 20
硫酸盐 3 850 250
亚硝酸盐 1 440 500
NAPL
否
场地调查
2002 年提交场地调查方案并获批
2004—2006 年开展场地调查活动
风险分析
土壤 [mg/kg]
COCs RG
砷 350
镉 25
总铬 2 400
汞 5
铅 1 500
铜 850
锌 3 500
苯并[a]蒽 58
苯并[a]芘 14
苯并[b]荧蒽 30
苯并[k]荧蒽 90
苯并[g,h,i]苝 50
䓛 130
二苯并[a,h]蒽 15
茚并芘 100
芘 250
HC>12 1 100
修复活动
2011 年提交清理方案并获批
2012 年开展场地修复活动
修复成本
50万欧元 （土壤）
223 万欧元 （地下水）

修复过程流程图

有色金属行业

铅锌冶炼厂

铬生产厂

23 铅锌冶炼厂

引言

案例场地——铅锌冶炼厂位于意大利中部靠近海岸的一个工业区内。工业区内的一个铝冶炼厂自 1950 年起开始生产活动。铅锌冶炼厂亦为工业区的一部分，主要分为两个区域，面积约为 60 万 m^2。由于在工业区内发现了地下水污染，所以才对其开展修复调查活动。

场地特征

铅锌冶炼厂建于 20 世纪 70 年代，位于之前没有开展过任何工业活动的区域。

目前除生产活动区内做了一些铺砌外，厂区布局基本未变。从水文地质结构上看，该区域有两个含水层：第一含水层主要为砂石和冲积层，渗透性很高；第二含水层主要由渗透性较差的材料组成。由于地下水分

场地布局

支循环十分复杂，造成不同底土层之间有很大差异。

调查计划于 2007 年制定并批准。2008—2009 年，根据调查计划对场地进行了调查。

整个工业区域地下水调查点位布置得非常密集。

污染特征

调查结果表明，土壤和地下水中均检测到超出阈值浓度（TLC）的污染物。

具体而言，土壤表层（地面以下 1 m 内）中发现了金属（铊、镉和锌，另汞、镍、铅、铜和钒微量超标）、PAHs、PCBs（仅一个点），以及 TPH 超标的情况。

地下水中硫酸盐、氟化物、氯化物、卤代化合物、金属和 PAHs（热点）超出了 TLC。

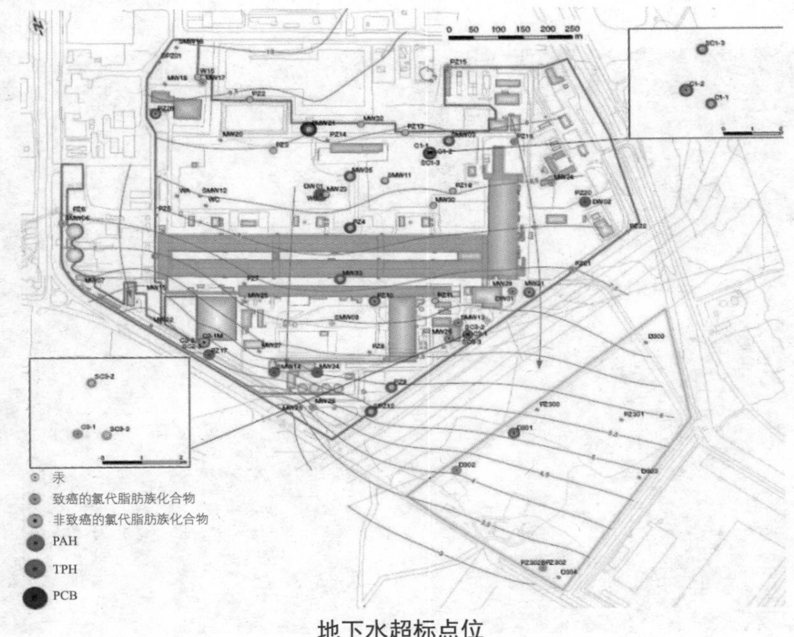

地下水超标点位

概念模型

为了评估是否需要采取紧急安全措施，2010 年对场地进行了风险分析。由于工厂仍在运行，该场地上的受体被设定为场地工人和居民。

暴露途径为土壤直接接触（仅限于现场工人），地表水（通过游泳）和地下水的直接接触和摄入，土壤和地下水中污染物的室内和室外蒸气吸入。

考虑到尚未确定该场地的最终修复范围，整个区域采用泰森多边形（Voronoi）法布点，以采样点每种污染物的最大浓度值作为确定场地多边形边界的代表性土壤浓度。

设定超过 TLC 的多边形区域为风险评估的目标区域（表层土壤指距地面 1 m 以内的土壤；深层土壤指距地面 1 m 以下的土壤）。

计算基于风险的允许浓度（RBACs）（当表层土壤多边形与深层土壤多边形重叠时，进行风险求和），并将所有风险分析途径的计算值与各多边形的代表性浓度进行比较。结果表明一些多边形区域蒸气吸入（表层和深层土壤）和直接接触（表层土壤）途径的浓度值超出了 RBACs。

修复目标

场地修复的目的是恢复场地环境以保证其未来用地功能。

风险分析是基于所有主要污染源均在场地内的假设，故修复工作的第一步是要从场地上移除与地表土壤混合掩埋的铝生产废弃物（主要位于工厂未铺砌区域地面下 1 m 内）。根据风险分析结果，这部分废弃物需要被清理和处置。此外，一些多边形区域内受污染的“深层土壤”也需被挖出和移除。

此外，风险分析结果表明需清除未铺砌区域的所有表层土壤，以切断直接接触途径。

2012 年完成了清理和修复方案的设计，并获得相关部门的批准。

选定和采用的修复活动

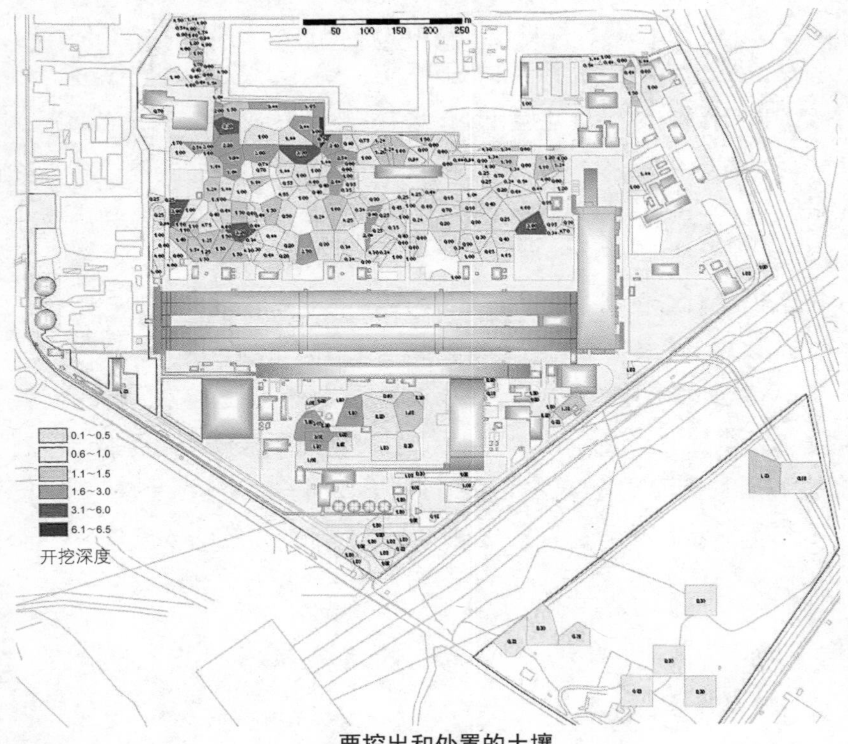

要挖出和处置的土壤

在移除受污染土壤（大约 17 万 m^3，其污染物浓度超出 RBACs）以及混有铝生产废物土壤的基础上进行修复。

挖出位于工业厂区未铺砌区域的表层土壤，经机械筛分处理后存储于厂区内的填埋场以防止污染扩散。

上述方案是可行的，对环境影响最小，而其他土壤处理方法，如“土壤淋洗”或“稳定化处理”对这种混有铝生产废物的土壤样本是无效的。

综上所述，所有不符合 RBACs 的土壤，无论是地表土壤还是深层

与土壤一起掩埋的废弃物

土壤（包括铺砌区域）均将被移除，并堆积在密闭空间内。

该方案将有助于保护现场工人的健康，同时也可防止污染土壤因淋滤作用污染地下水。

挖出所有受污染土壤，堆积在厂区内一个临时的防渗存储区中，经初步筛分，将筛出的未污染粗颗粒生产废料存储于特定区域。

未来填埋场将进行植被覆盖。

修复活动结束后要定期对地下水和空气进行监测，以检验是否发生填埋场渗漏或污染物蒸气释放扩散等现象。

安装了一个水力屏障清除地下水中的其他污染物（与铝的生产产品无直接关系）。

修复费用

总修复费用预计约为 1 300 万欧元。

管理过程

修复工作从 2013 年开始，分阶段完成所有修复措施，总工期预计为 3 年 10 个月。

公共部门将和修复实施单位一起对开挖区域底部和内壁进行采样和分析测试。修复结束后，公共部门将会颁发证书。

修复完成将启动日常维护系统，并对地下水进行定期监测。

修复过程流程图

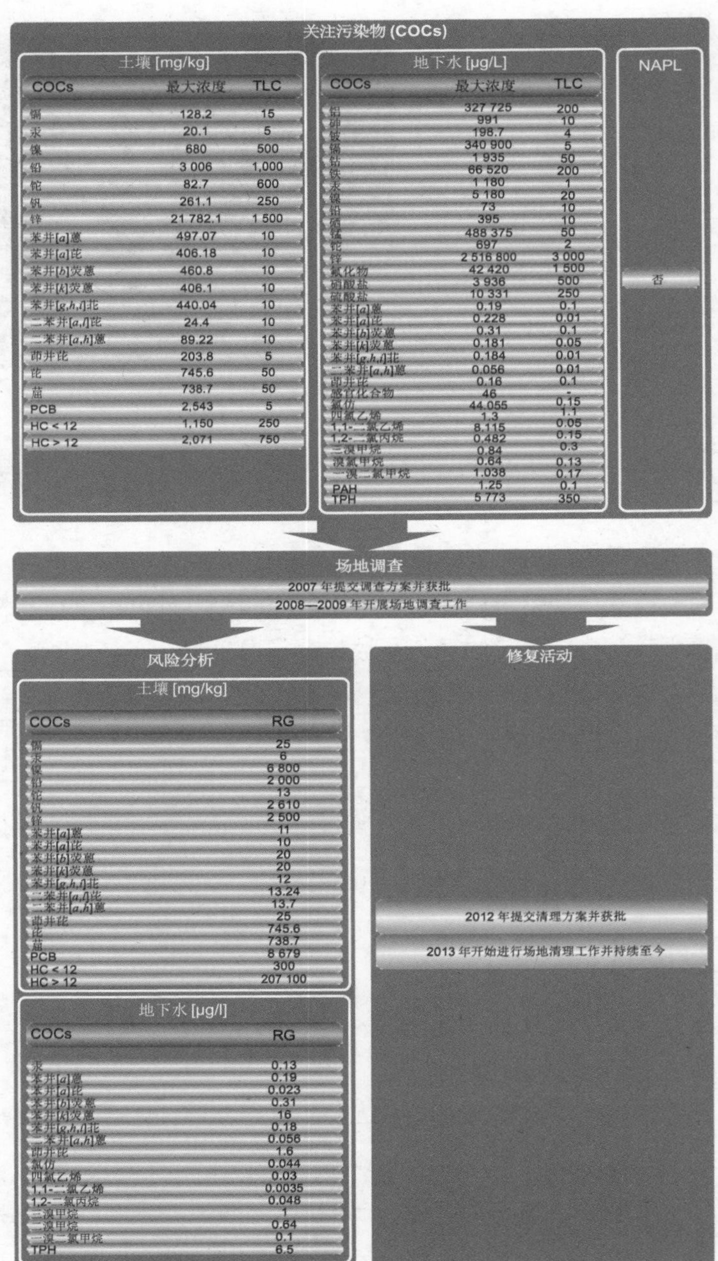

关注污染物 (COCs)

土壤 [mg/kg]

COCs	最大浓度	TLC
镉	128.2	15
汞	20.1	5
镍	680	500
铅	3 006	1,000
铊	82.7	600
钒	261.1	250
锌	21 782.1	1 500
苯并[a]蒽	497.07	10
苯并[a]芘	406.18	10
苯并[b]荧蒽	460.8	10
苯并[k]荧蒽	406.1	10
苯并[g,h,i]苝	440.04	10
二苯并[a,l]芘	24.4	10
二苯并[a,h]蒽	89.22	10
茚并芘	203.8	5
芘	745.6	50
䓛	738.7	50
PCB	2,543	5
HC < 12	1,150	250
HC > 12	2,071	750

地下水 [μg/L]

COCs	最大浓度	TLC
铝	327 725	200
砷	991	10
铍	198.7	4
镉	340 900	5
钴	1 935	50
铁	66 520	200
汞	1 180	1
镍	5 180	20
铅	73	10
硒	395	10
锰	488 375	50
铊	697	2
锌	2 516 800	3 000
氰化物	42 420	1 500
硝酸盐	3 936	500
硫酸盐	10 331	250
苯并[a]蒽	0.19	0.1
苯并[a]芘	0.228	0.01
苯并[b]荧蒽	0.31	0.1
苯并[k]荧蒽	0.181	0.05
苯并[g,h,i]苝	0.184	0.01
二苯并[a,h]蒽	0.056	0.01
茚并芘	0.16	0.1
感官化合物	46	-
氯仿	44.055	0.15
四氯乙烯	1.3	1.1
1,1-二氯乙烯	8.115	0.05
1,2-二氯丙烷	0.482	0.15
三溴甲烷	0.84	0.3
溴氯甲烷	0.64	0.13
一溴二氯甲烷	1.038	0.17
PAH	1.25	0.1
TPH	5 773	350

NAPL

否

场地调查

2007 年提交调查方案并获批

2008—2009 年开展场地调查工作

风险分析

土壤 [mg/kg]

COCs	RG
镉	25
汞	6
镍	6 800
铅	2 000
铊	13
钒	2 610
锌	2 500
苯并[a]蒽	11
苯并[a]芘	10
苯并[b]荧蒽	20
苯并[k]荧蒽	20
苯并[g,h,i]苝	12
二苯并[a,l]芘	13.24
二苯并[a,h]蒽	13.7
茚并芘	25
芘	745.6
䓛	738.7
PCB	8 679
HC < 12	300
HC > 12	207 100

地下水 [μg/l]

COCs	RG
汞	0.13
苯并[a]蒽	0.19
苯并[a]芘	0.023
苯并[b]荧蒽	0.31
苯并[k]荧蒽	16
苯并[g,h,i]苝	0.18
二苯并[a,h]蒽	0.056
茚并芘	1.6
氯仿	0.044
四氯乙烯	0.03
1,1-二氯乙烯	0.0035
1,2-二氯丙烷	0.048
三溴甲烷	1
二溴甲烷	0.64
一溴二氯甲烷	0.1
TPH	6.5

修复活动

2012 年提交清理方案并获批

2013 年开始进行场地清理工作并持续至今

24 铬生产厂

引言

案例介绍了一个位于意大利西北部海岸的工业场地停运和修复的情况。工厂 1900 年建厂，2003 年停止运营，主要生产活动是通过碱熔氧化法将三价铬（Cr^{3+}）转化为六价铬（Cr^{6+}）。

场地特征

场地附近有一条河流，工业区通过河流直接与沿海区域相连。

场地地层结构从地面往下依次为冲积沉积物层、裂隙发育的基岩层和非承压地下水含水层。

该区域包括约 24.1 万 m^2 陆地面积和约 100 万 m^2 海洋面积。

污染特征

由于污染严重，加之公司破产，该场地于 2006 年宣布进入“紧急状态”，政府授权一名专员全权负责应对这一紧急状况，主要采取了地下水保护、厂房废弃和废弃物处置等紧急措施。

无论是在私人领地还是公共领域（河流和海岸），污染随处可见。河水呈黄色，在河滩上可看到铬浆干燥后形成的板结物。

六价铬污染证据

场地上弃置的生产废弃物

土壤和地下水的调查结果表明：

• 土壤中总铬的浓度超过 15 000 mg/kg；

• 地下水中六价铬的浓度为 150 000 ～ 250 000 μg/L；

• 河水中六价铬的浓度为 100 ～ 400 μg/L。

概念模型

在近百年的工业活动中，该厂产生的危险有毒废物严重污染了周边城市的环境，如空气、土壤、底土、地下水、海岸，甚至影响到了食物链。因此，场地修复时除了要清理污染土壤和地下水外，还需拆除场地上弃置的工业设备。

地下水中大量的六价铬还可能迁移到地表水（河流）和大海中。

修复目标

场地关闭之后，公共部门启动了重要的干预活动，例如：

• 制定管理指南和地下水监测计划；

• 开展场地拆除活动，包括隔离并处置石棉，清理废弃物和清除厂房污染并拆解厂房；

• 设计了一个地下水处理厂；

• 在处置废弃物的垃圾填埋场区设计了一个物理屏障；

• 设计了海岸修复活动。

选定和采用的修复策略和活动

为了去除地下水中的六价铬，防止其扩散到河流和大海中，在工业生产厂区安装了一个水力屏障，在垃圾填埋场区安装了一个物理屏障，同时沿着河流安装了抽水处理系统（井点系统）。

挖出重点区域不饱和层中铬污染土壤，并通过土壤淋洗系统进行原位修复。

修复海岸采用的安全措施包括：

• 安装临时沿海大坝，以保证在干燥条件下进行场地修复工作，同时保护设备不受海上风暴的损坏；

• 在挖掘机上安装气锤，用以破碎、移除和处置铬浆干燥后形成的板结物；

• 从坑道底部和内壁收集土壤样本，进行化学分析；

• 化学分析结果出来之后，实施人工育滩。

污水处理厂

实现的修复目标

移除了私人区域的石棉并拆除了该区域上的危害建筑物。移除的废弃物或被运至垃圾填埋场中进行处置，或被存放在厂区临时存储区（该存储区已做防渗处理）。地下水处理仍在进行中。根据意大利法规，由于公司破产，上述活动由公共部门主导开展。

公共区域（海岸，5 ～ 9 月被海滨度假村占用）则进行了项目竞标，并由中标的某私营企业执行清理活动。修复工作要在海上风暴季节结束泳季来临之前很短的时间内完成。只有在私营企业和公共部门对坑道底部修复效果进行双重检查和验收后，方可实施育滩和使用海岸。

管理过程

私人区域停业于 2008 年，修复完成于 2011 年，目前场地水力屏障仍在运行。

海岸修复工程于 2010 年 3 月开始并于 3 个月后完成，由公共部门颁发了修复完工证书。

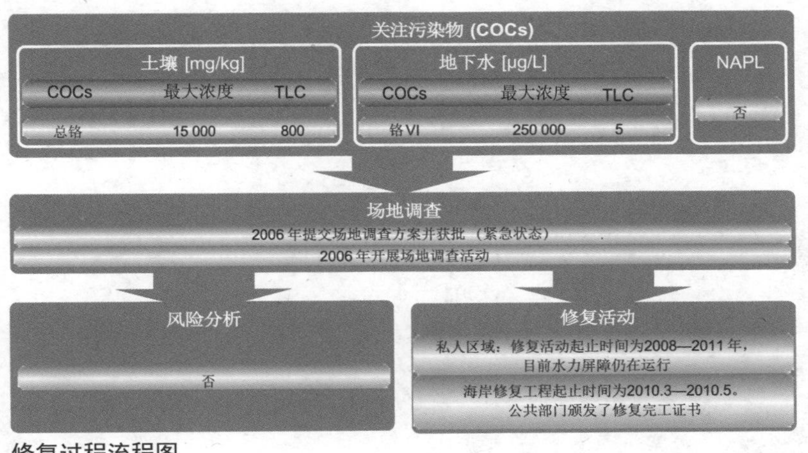

修复过程流程图

其他行业

采矿垃圾填埋场

电子厂

25 采矿垃圾填埋场

引言

案例介绍了一个垃圾填埋场修复项目的设计方案。该垃圾填埋场位于意大利西北部，用于处置采矿废渣。本修复方案致力于修筑不同结构和岩土性质的安全设施以恢复场地周边环境。

场地特征

场地海拔 1 500 m，长 500 m，面积为 4.8 万 m^2。场地南邻山村，其余三面环山。垃圾填埋场下方的一条河流将其与山村隔开。

从 20 世纪 50 年代开始，采矿活动产生的废渣在经机械处理之后就填埋在该垃圾填埋场，1979 年矿山关闭。

为了解垃圾填埋场地层及含水层情况，当局对该场地进行了水文地质调查，调查结果表明地面表层有一个厚度为 20 ～ 25 m 的矿物废渣层，该层底部为卵石层，表明该场地存在河床。但在垃圾填埋场内部的地质结构中没有观察到有显著的地下水流。总体来讲，垃圾填埋场底部岩层由粗料组成，具有良好渗透性。

垃圾填埋场位置

污染特征

2006 年对该场地开展了空气质量调查工作，以核实附近村庄居民是否存在与该垃圾填埋场相关的灰尘和颗粒吸入暴露途径。结果表明该场地空气对人类健康没有危险。

2011 年对该场地开展了大范围的土壤调查工作以确定重点污染区域及污染的空间分布情况。调查工作涵盖了垃圾填埋场区和附近山区，同时也进行了空气和地表水采样活动。

在特定的气候条件下，如干燥和起风情况下，于村庄、场地的若干监测点采集空气样本。

空气样本的调查结果可用以评估空气中的石棉含量，也可用以计算石棉在空气中的“释放指数”。

土壤调查结果表明矿区废渣中有石棉。空气样本检测结果表明空气中不含游离石棉纤维。河流的地表水样本测定结果表明河流未受石棉污染。

概念模型

石棉纤维的关键暴露途径为灰尘和颗粒吸入，吸入石棉纤维会导致非常严重的疾病。

采矿废渣

空气质量检测装置

尽管土壤调查结果表明土壤中存在石棉，但场地环境分析结果显示该垃圾填埋场矿山废渣中石棉的“释放指数”极低或为零。

同时，需要强调的是，石棉的空间分布通常具有不均匀性，这意味着不同位置的石棉具有较大的浓度差异，有些区域甚至浓度为零。

根据调查结果，结合考虑石棉污染特性，本项目特设计一修复方案以恢复场地环境。

修复目标

即使环境空气中没有检测到石棉纤维，还是计划将垃圾填埋场顶部覆盖干净土壤或铺设其他防护层以隔离矿山废渣、避免灰尘和纤维扩散，并预防石棉对人体产生健康风险，以实现该场地将来的再次利用。

计划只覆盖垃圾填埋场地势平坦的区域，边坡因不适合任何土地用途而不在修复之列。

选定和采用的修复策略和活动

基于场地调查结果，决定采用的安全措施为覆盖隔离。本场地采用多层覆盖的修复模式，其中，底部是一个 20 cm 的砾石和河砂层，以利排出雨水；上部覆盖 30 cm 厚适合重建植被的清洁表土。

修复费用

预计修复总费用为 30 万欧元。

管理过程

修复项目在 2012 年底获得批准，修复工作于 2014 年启动。

必须强调的是本项目场地位于山区，一年中只有在没有积雪的月份才可以开展现场修复工作。

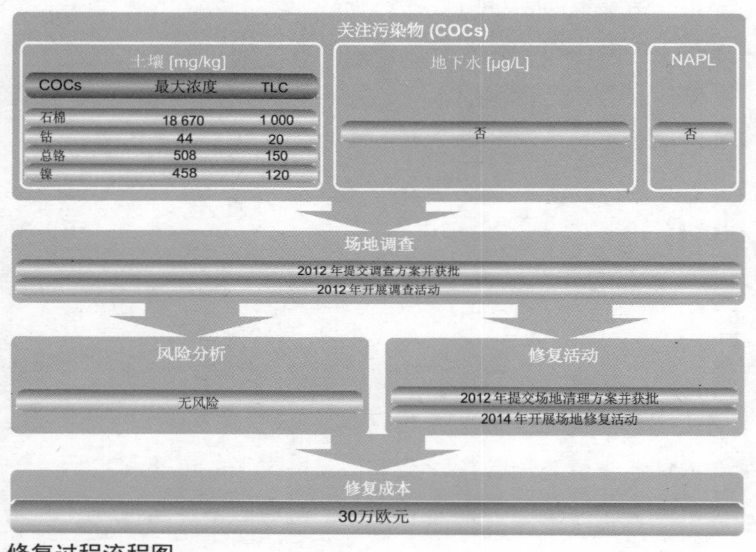

修复过程流程图

26 电子厂

引言

案例介绍了意大利西北部一个靠近河流的工业场地的修复过程。在河流水力重建工程中发现疑似土壤污染后启动了该项目。

场地特征

场地位于市中心的一个工业园区内。该场地地势平坦，海拔 4 m 左右，总面积为 2 万 m^2，其中一部分曾被用作遮棚并进行生产活动，如电镀处理和燃油发电等工业设施，面积共计 1.1 万 m^2。电镀处理厂和电厂均于 20 世纪 80 年代退役，但直到 2000 年移除完所有含石棉的土壤后才被拆除（电镀厂和电厂地下储罐和管道均位于河流的左岸）。

该区域路面几乎全部被铺砌。地层结构主要有三层：从地表开始，第一层为冲积沉积物层，由砾石和砂石混合物、松散细沙和黏土质粉砂组成（10 m 厚）；第二层为含海洋沉积物的低粉土基质层（4 ～ 7 m 厚），最后一层是黏土质粉砂层，约 20 m 深。主含水层位于第一地层中。

场地拟被开发为一个商业中心，于是在 2005 年开展了一些针对场地土壤的初步调查工作。

场地原建筑物

污染特征

2006年，在河岸开展水利工程作业时发现了土壤污染的一些证据，即在地下储罐和管道中发现了油污。因此，在整个区域进行了进一步的底土和地下水调查，结果在两种介质中均发现有机物和无机物的污染。

石油烃污染证据

土壤中检测到TPH、铬、铜、镍等超过监管阈值水平，其中无机污染几乎遍布整个区域，这可能是由于场地过去回填了污染土及该地区自然背景值较高的缘故。而总石油烃（TPH）类有机污染仅在发电厂周围的地下储罐处被检测到。

地下水中除氯化物、总石油烃及一些金属外，所有其他关注污染物基本符合相关阈值水平。具体而言，只在发电厂附近的一个测压井中检测到了TPH，另外该处地下水中还含有约10 cm厚的自由相物质。含氯化合物略微超标，这与附近城市中心普遍被氯化物污染有关（很多活动会导致氯化物污染，如洗衣房）。

概念模型

地下储罐、火力发电厂（主要使用燃油）管道以及电镀厂被认为是主要的污染源。因此土壤和地下水中检测到的TPH明显与管道泄漏和溢出事故有关， 这也是仅在局部存在自由相物质的原因。

虽然地下储罐已被拆除，但场地上仍有部分土层含自由相物质，这

放置在混凝土板下方的 HDPE 土工膜

也是场地的主要污染源。下游监测井的样本分析结果表明该污染源仅在局部稳定存在，且无显著扩散。

土壤铬的污染主要来自于电镀处理厂，该厂在调查前就已被拆除，厂区广泛存在的铬和镍可归因于其较高的自然背景值，铜则可能与先前的生产活动有关。

采用风险评估的方法确认受体是否存在暴露风险，并确定土壤和地下水的修复目标。对于商业暴露情景，暴露途径主要考虑来自室内和室外土壤和地下水的蒸气吸入；由于计划将该区域全部铺砌，因此不考虑直接接触土壤的暴露途径。

修复目标

风险分析结果表明，考虑室内蒸气吸入途径时，除地下水中含氯化物外，土壤和地下水污染物的浓度均低于修复目标值。因此，清理活动主要为切断室内吸入途径并去除自由相物质。

清理场地，主要污染源，包括河岸水利工程建设期间发现的自由相物质和污染土壤被清除。

选定和采用的修复策略和活动

在场地地基下方铺设一层 HDPE 土工膜，以阻断亚表层土壤蒸气暴露途径。

抽出处理系统

安装了一套抽出处理系统以双泵抽出处理方式去除地下水中的 NAPL。该系统包括 4 个抽水井和 6 个压力监测井。深水泵用于降低含水层水位，使 NAPL 返回到含水层表面；另一台地表总流体泵用来去除 NAPL（这种双泵系统能够去除所有 NAPL，且不会将抽出的降低地下水位的水和 NAPL 混合在一起。总流体泵会将油和少量水一起去除，由于案例场地的污染物质很重，因此没有用到诸如可以去除油的撇油器等除油系统）。抽出的水直接送到储罐中，经活性炭过滤器处理后排入河流，而 NAPL 被回收到另一储罐进行处置。

作为该地区净化含水层的长期活动之一，NAPL 的去除历时 18 个月，为了降低地下水位抽出约 9 万 m^3 的水，同时抽出处置约 9 t 与水混合的 NAPL。

挖出并处置河岸水利工程中发现的污染土壤总量为 1 200 m^3。为了在相对干燥的环境下移除土壤、保护地下水和河流水质，该项目在河床上设置了 7 个抽水井，并使用深水泵进行抽水作业，以降低地下水位，抽出的水直接送到储罐及活性炭过滤器，经处理后排入河流。

修复费用

所有干预活动的总费用为 80 万欧元。

管理过程

2011 年 12 月，整个区域被全面修复，新商业中心开始运营。

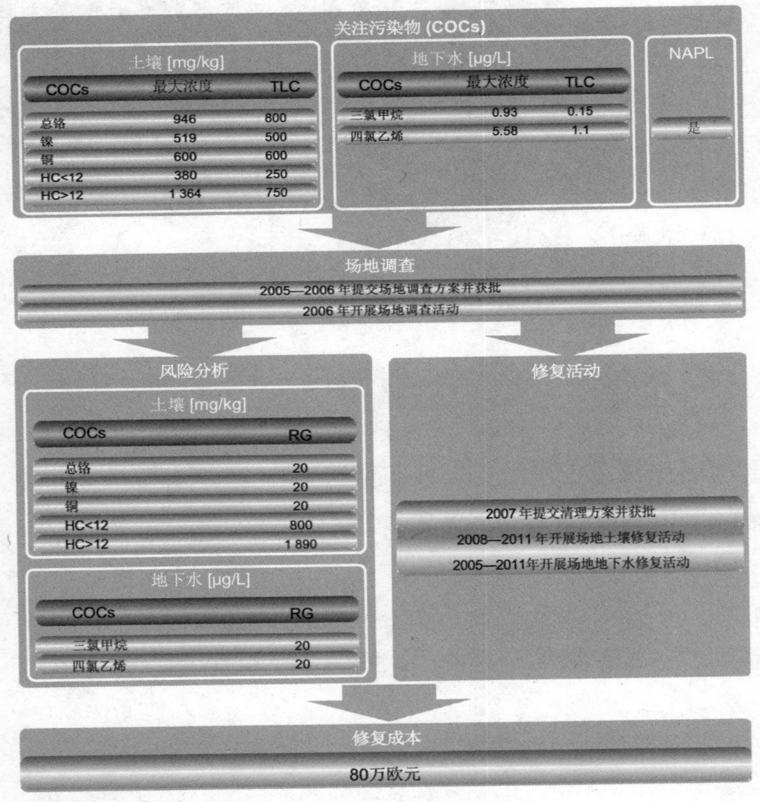

修复过程流程图

场地拆除作业

退役铣削和电镀厂

烧结、焦化和高炉退役场地

27 退役铣削和电镀厂

引言

案例与案例 21 为同一场地，本章节将侧重于场地退役程序的管理办法和钢铁工业生产场地地上和地下设施的拆除过程。

场地特征

本场地共需拆除 64 座建筑物，总面积为 7 万 m^2。根据建筑性质对建筑物分类如下：

• 金属结构大棚：主要由金属材料构建，最高不足 20 m，内部设有钢筋混凝土墙体；

• 砖石结构或强化混凝土结构组成的单层或多层建筑物；

• 钢筋混凝土构筑的地上储灌。

因生产厂房建于地基上，故拆解厂房时也将涉及地基混凝土 / 砖块的拆除。

场地已基本清理干净，场地上没有废弃物或植被。

环境问题

拆除退役厂房时遇到的最关键的问题是如何处置石棉（石棉在拆除的建筑中几乎随处可见）和聚积在 2 ～ 10 m 基坑中的固态和液态废弃物。

退役之前的工业仓库

根据场地建设规划的要求，部分基坑必须被清空和拆除，而其他一些基坑仅需清空，并在移除全部废弃物后，以拆除的建筑废品回填。有一些基坑与浅层地下水相连，因此必须避免水、废弃物及地下水之间的交叉污染。此外，还必须防止拆除活动污染周围土壤。

对所有拆除后的混凝土碎片进行了化学成分分析，以确定是否可直接用作回填材料，还是需要进行场外处置。

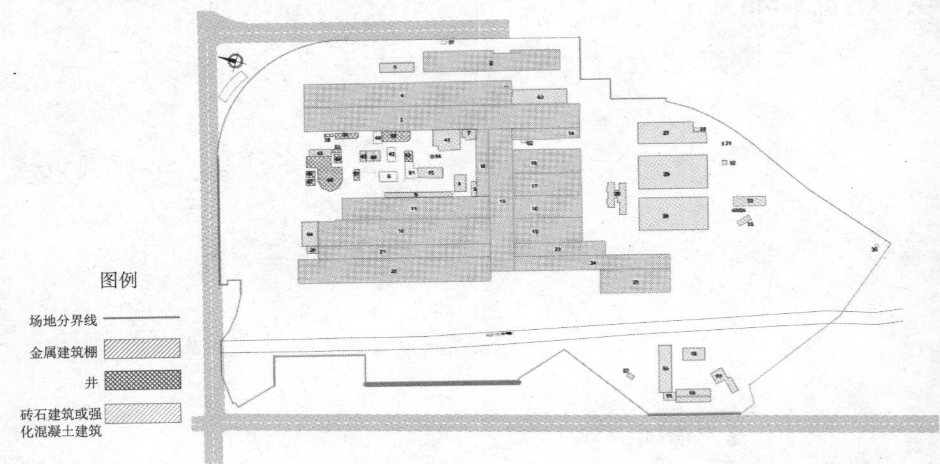

要拆除的建筑物和基坑／储池

退役

废弃物处理开始于工厂退役之前，场地内的废弃物均按当时法规和行政管理要求进行管理，为最大程度地保护环境，应尽可能减少其在场地上的存储时间，并尽量避免扬尘。

为了获得可再利用的副产品，拆除工作与破碎、筛选及实验室分析工作同时进行。

所有拆除工作遵循最高质量标准以避免因废弃物溢出扩散或泄漏而发生环境污染事故。

拆除的惰性材料堆积于场地上特定区域，并覆以防护层以防止其接触雨水。对含石棉的材料在符合意大利相关监管要求的条件下进行安全管理。

退役后的场地

在建筑物拆除之后，所有围护基坑均被钢板覆盖。

调查围护基坑中水的来源：实际上不渗透的围护基坑里聚积的是雨水，而有裂缝的围护基坑可能与浅层地下水直接相连。在那些直接与地下水相连的基坑中，用泵抽出水的同时需在基坑周围布置几个井点，以保持足够低的地下水位，确保拆除活动在干燥条件下进行。

拆除活动持续约 4 个月。

退役后的场地

28 烧结、焦化和高炉退役场地

引言

本案例与案例 19 为同一目标场地。案例 19 关注场地污染土壤的修复，而本案例侧重于介绍钢铁厂退役场地地上及地下设施的拆除过程。

场地特征

生产区域包括：

• 高炉区（面积约 22 800 m^2），以下简称 AFO 区；

• 焦炉区（面积约 26 500 m^2）及相关化工厂（面积为 13 500 m^2），以下分别简称为 COK 区和 SOT 区；

• 园区，指煤炭园（面积为 67 600 m^2）（以下称为 AUC 区）和存储区（面积为 8 600 m^2）；

• 一个大型电炉位于产钢区（面积为 54 100 m^2），以下称为 ACC 区；

• 辅助区（A1 和 A5），包括部分燃料储存罐和两个储气罐（面积为 119 400 m^2）。

以下区域涉及停运和拆除活动：

• SOT 区；

• A1 区；

• 储气罐区；

• AFO 区；

• COK 区。

已停用的储气罐

环境问题

为了减少废弃厂房拆解带来的环境问题，在厂房停运和拆解过程中要注意以下关键问题：

• SOT 区的拆除应包括对管道和装有易燃、易爆残留物储罐的清理；

• A1 区的拆除必须考虑附近的铁路及存在残留焦炭的问题；

• AFO 区的拆除包括拆除高大而复杂的钢结构（高达 82 m）及高炉炉料残留物（超过 6 550 t）；

• COK 区的拆除必须考虑石棉废料及砖砌烟囱高度（75 m）问题。

拆除

场地设施正式拆除前，需完成以下工作：

• 安装一个准入系统，需对安检站、电子地磅和轮胎冲洗机进行 24 小时监控；

• 安装一条水管和一个电网；

• 确定废弃物存储位置；

• 在一个 20 000 m^2 的区域内铺砌混凝土路面，并在其上建立 4 个存储库，用于存储危险和非危险废弃物以及污染和未污染土壤。

拆除工作场景

拆除活动

首先使用常规拆除的方法拆除了 SOT 区，该区域的拆卸废弃物约为 5 000 t。

随后，使用一个拆卸抓斗和一个起重臂 50 m 长的破碎机完成了 A1 区的拆除工作。该区域拆卸废物包括重约 1 900 t 的废钢、57 000 t 的混凝土和其他拆迁材料。

A5 区有两个焦炉煤气储罐，较小的一个采用炸药拆除，较大的一个则通过切割单层金属板一层一层拆除。

炸药拆除工作分四个阶段完成：先是在建筑框架上打孔；然后拆除建筑底板并使用高压水冲洗；最后拆卸钢板，以便在 14 根承重柱上装填炸药。每根柱子绑定 42 包炸药，倒塌时间总计为 7 秒。

AFO 区则采用了普通方法拆除，拆除中使用了 800 t 起运机及用以分离灰尘和高炉炉料残渣的筛分挖掘机。

采用普通拆除方法完成了 COK 区的拆卸工作。拆卸过程中使用了一个拆卸抓斗、一个配有 50 m 长起重臂的破碎机和一个烟囱扬尘的控制系统。

公司简介

北京高能时代环境技术股份有限公司是专业从事环境技术研究和提供污染防治系统解决方案的高新技术企业。公司1992年成立，前身为中科院高能物理研究所垫衬工程处，现有固定员工约700人，总资产16亿元。公司拥有北京市企业技术中心，是中国环境修复产业联盟发起单位、中国环境保护产业协会理事单位、中国城市环境卫生协会副理事长单位、国际土工合成材料协会和国际土工合成材料施工协会会员单位。

目前公司已形成了以环境修复、工业环境和城市环境为主的三大经营体系，这三大体系专注于污染土壤、工业场地、矿山、水体等环境修复技术研发、环境工程技术服务、环保设施投资运营及固体废物、废液等污染防治技术等，已完成近600项国内外大型环保工程。

公司环境修复业务涵盖工业污染场地、流域治理、矿山修复、地下水修复、垃圾填埋场修复、农田改良及修复，在环境修复工程实践中坚持采用“风险修复”与“绿色修复”的理念和国际上成熟的先进修复技术，可为客户提供一站式服务和全方位的解决方案。服务内容包括污染场地调查与风险评估、修复设计与修复方案制定、修复工程实施与项目管理、污染场地开发利用及投资建设、环境修复技术咨询等。凭借着先进的修复技术和工程施工技术，公司先后承担了霞湾港重金属污染治理工程、株洲市清水塘含重金属废渣综合治理工程、湖北某重金属污染土壤修复示范工程、湖南某重金属污染农田土壤修复工程等十余项修复工程。

公司牢牢树立“科技保障安全”的经营理念，秉承“科技创新、服务利民”的企业宗旨，专注专行，打造中华领先、世界水平的国际化一流环境技术企业，努力“为人类为社会创造持久安全的环境”。